北京市高等教育精品教材立项项目

电子信息科学基础实验课程丛书

Dianlu Jichu Shiyan

电路基础实验

电路基础实验课程组　编著

北京大学出版社
PEKING UNIVERSITY PRESS

图书在版编目(CIP)数据

电路基础实验/电路基础实验课程组编著.—北京：北京大学出版社，2009.7
(电子信息科学基础实验课程丛书)
ISBN 978-7-301-15496-0

Ⅰ.电…　Ⅱ.电…　Ⅲ.电路—实验—高等学校—教材　Ⅳ.TM13—33

中国版本图书馆 CIP 数据核字(2009)第 116608 号

书　　　名：电路基础实验
著作责任者：电路基础实验课程组　编著
责 任 编 辑：王　华
封 面 设 计：张　虹
标 准 书 号：ISBN 978-7-301-15496-0/TM・0026
出 版 发 行：北京大学出版社
地　　　址：北京市海淀区成府路 205 号　100871
网　　　址：http://www.pup.cn　电子信箱：zpup@pup.pku.edu.cn
电　　　话：邮购部 62752015　发行部 62750672　编辑部 62752038　出版部 62754962
印　刷　者：北京大学印刷厂
经　销　者：新华书店
　　　　　　730 毫米×980 毫米　16 开本　9.5 印张　185 千字
　　　　　　2009 年 7 月第 1 版　2009 年 7 月第 1 次印刷
定　　　价：20.00 元

内 容 提 要

本书是北京大学电子信息科学基础实验中心《电子信息科学基础实验课程丛书》的第1本。全书分为电路基础知识和电路基础实验两部分。第一部分共三章，常用电子元器件，电子设备安装工艺，常用电子仪器；第二部分精选了12个电路基础实验。书末附录：实验室仪器使用练习。

本书介绍了电路基础实验中的常用仪器设备、元器件和电路工艺知识，并设计了12个实验题目，内容丰富，实用性强。本书可作为高等院校电子信息类本科生电路基础实验教材，也可作为教师和工程技术人员的参考书。

丛 书 序 言

本科教育是北京大学长远发展中最基础、最重要的工作之一，而实验教学是本科教育特别是一些基础学科教育的重要组成部分，是衡量学校教育质量的重要指标，是培养学生的实验能力以及实践与创新精神的重要过程，是培养高水平、创新型人才的重要手段，同时也是新的形势对高等教育教学的迫切要求。

我校根据改革开放以后国内高等教育形势、规模和人才需求结构的变化，借鉴国际上先进的教学理念并结合我国的实际情况，制定了“加强基础、淡化专业、因材施教、分流培养”的教学改革十六字方针。为了适应电子信息技术的发展，全面培养电子与信息科学类专业的高素质创新型人才，我校于 2000 年 9 月成立了北京大学电子信息科学基础实验中心，全面负责全校电子信息类基础实验课程的实施、改革和建设工作。

根据我校电子信息科学类专业本科生理论基础扎实、人数相对工科院校较少的特点，近年来，实验教学中心进行了具有研究、综合型大学特点的“电子信息科学基础实验课程体系”的建设。形成了模块化、多层次，具有理工相结合特色的实验课程体系，并将专业基础实验课程纳入到课程体系中来。实验课程既与相应理论课程相互呼应，同时又保持了自身的体系与特色。

在学校和信息科学技术学院领导的关心和支持下，实验教学中心组织在教学第一线的骨干教师，总结多年来实践教学和改革经验，并参考兄弟院校的实践教学改革成果，编写了《电子信息科学基础实验课程丛书》。该套丛书具有理工相结合特色，实验内容选择上注重深度，注重启发性、研究性和综合性，同时将 EDA 等技术有机地融入到实验课程中去，以便全面地培养学生的综合研究能力和创新意识。

《电子信息科学基础实验课程丛书》共 12 本，涵盖了北京大学电子信息科学基础实验课程体系的 4 个层次。

基础实验层次：

《电路基础实验》、《电子线路实验》、《数字逻辑电路实验》

综合设计层次：

《电子线路计算机辅助设计》、《微机原理与接口技术》、《可编程逻辑电路设计》

研究创新层次：

《电子系统设计》、《嵌入式系统开发原理与实验》

专业基础层次：

《通信电路实验》、《光电子实验》、《集成电路设计》、《数字信号处理实验》

本套丛书的筹划和编写得到了原电子学系主任王楚教授的关心和指导。信息科学技术学院陈徐宗副院长，实验教学中心顾问唐镇松教授、沈伯弘教授在整个编写过程中，都进行了严格把关和悉心指导。同时，北京大学教务部、北京大学出版社和信息科学技术学院的领导都给予了大力支持和帮助。在此，向他们致以崇高的敬意，并表示衷心的感谢。向所有关心、支持和帮助过本丛书编写、修改、出版、发行工作的各位同仁致以诚挚的谢意。

限于作者的水平和经验，对丛书中的疏漏和不足，敬请专家和读者批评指正，不吝指教。

北京大学
电子信息科学基础实验中心
2008年9月

前　言

本书是根据北京大学信息科学技术学院一年级本科生“电路基础实验”课程需要编写的教材，同时适用于大学低年级相关专业，以及对这一领域知识感兴趣的读者作为电路基础入门的参考教材。

“电路基础实验”是学院一门本科生实验类必修课程，目的是加强学生电路基础和实践能力。通过本课程的学习，学生可学会常用元器件的选择与使用，熟悉使用常用的仪器设备，了解掌握基本电路工艺，对电路的组成、焊接、调试等基本工序有所认识，为后续课程的学习打好基础。

由于北京大学信息科学技术学院本科生培养模式中，一年级阶段不分专业，统一按信息大类招生与授课，进行通识教育，学生还没有学习过电路相关的专业基础课程，因此本书在编写过程中分为了两大部分：首先介绍电路中的基础知识、工艺和常用仪器设备，然后再附以典型的电路基础实验。这种编写模式使得本书不仅适用于信息类专业本科生，同时也适用于物理、化学、生物、医学等其他非信息类专业本科生进行电路相关领域的学习。

本书电路基础知识部分分为三章，介绍了实验中所要求的电路基础知识。第一章介绍了电阻、电容、电感、晶体管、集成电路等常用电子元器件的分类、使用、封装和参数测量等知识；第二章介绍了电子设备安装工艺，重点介绍手工焊接技术的要点和注意事项；第三章介绍了万用表、信号发生器和示波器的基本原理和使用，附录中给出了仪器设备使用练习。

本书电路基础实验部分设计了 12 个独立的实验题目。实验题目的设计以培养学生基本实践能力为主，实验内容充分考虑了初次涉及电路实验学生的情况，从基本的仪器使用、焊接训练开始，认识基本元器件、电路板图，然后进行简单电路组装、调试，最后到较复杂电路的装配、调试和结果分析，由浅入深，循序渐进。同时，每个实验中都设计了几个思考题，进一步引导学生进行研究发挥。

本课程授课安排 15 周，每周 3 学时，可分为理论大课和实验课两个阶段。理论大课 3 次(每周 1 次)，介绍电路基础知识；实验课 12 次，每次完成一个实验。还可以根据需要增加一次演示实验，进行焊接、仪器使用、新工艺等演示。

本书由多年从事电子信息课程体系、课程内容及教学方法改革等工作的电路基础实验课程组教师编写。第一部分第一章由刘新元、叶红飞老师编写，第二章由董明科老师编写，第三章由李平曾、汪中老师编写；第二部分和附录由汪中、周小计、李平曾、顾康德、杨光临、谢冰、叶红飞、于民、陈章渊、金海岩、刘诗美老师编写，这些老师还负责将实验电路逐一搭建测试。全书由王志军老师统稿。

本书的编写先后得到了北京市高等教育精品立项项目和北京大学教材建设立项项目的支持，对此表示衷心感谢。同时感谢北京大学教务部和北京大学出版社的大力支持。信息科学技术学院主管本科生教学的陈徐宗副院长，电子信息科学基础实验中心教学顾问唐镇松教授、毛晋昌教授也对本书提出了许多有益的建议。本书编写过程中还参考了国内外相关参考书籍和兄弟院校的实践教学改革成果，在此特向所有关心支持本书编写、出版、发行工作的同仁致以诚挚的谢意。

由于作者的水平有限，时间仓促，书中难免出现不足和错误，敬请读者批评指正。

编者
于北京大学
2009年1月

目　　录

第一部分　电路基础知识

第二部分 电路基础实验

第一部分

电路基础知识

第一章　常用电子元器件

电子元器件是构成电子电路的基础。熟悉各类电子元器件的性能、特点和用途，对设计、安装和调试电子线路十分重要。本章针对常用的电子元器件，按其类别、性能、选用等进行介绍，以帮助读者在电路实验课程中和今后的研制、设计、调试电子产品中能够正确地识别和选用元器件。

1.1　电阻器和电位器

电阻器简称电阻，它是电子电路中应用最多的元件之一。电阻器在电路中用于分压、分流、滤波（与电容器组合）、耦合、阻抗匹配、负载等。电阻器用符号 R 表示，电阻值的基本单位为欧姆，简称欧（Ω），常用的单位还有千欧（kΩ）和兆欧（MΩ）。三者的换算关系是：1 MΩ＝1000 kΩ，1 kΩ＝1000 Ω。

电位器是一种具有三个接头的可变电阻器。在使用中，通过调节电位器的转轴，不但能使电阻值在最大与最小之间变化，而且当两固定端供某一电压时，还能调节滑动接头与两固定接头之间的电位高低，故称电位器。电位器在收音机、录音机、电视机等电子设备中用于调节音量、音调、亮度、对比度、色饱和度等。

1.1.1　电阻器的命名、分类及参数

1. 型号命名

根据部颁标准（SJ-73）规定，国产电阻器、电位器的型号由下列四个部分组成：

第一部分（主称）用字母表示，R 表示电阻器，W 表示电位器；第二部分（材料）用字母表示，具体含义见表 1.1；第三部分（产品分类）用数字或字母表示，见表 1.2；第四部分（序号）用数字表示。

表 1.1　电阻器与电位器材料字母表示表

类别	名称	符号	字母顺序
	主称	*R* *W*	第一字母
材料	碳膜 金属膜 氧化膜 合成碳膜 有机实芯 无机实芯 沉 积 膜 玻璃釉膜 线绕 硼碳膜 硅碳膜 压敏 光敏 热敏	T J Y H S N C I X P U M G R	第二字母

表 1.2　电阻器与电位器的代号列表

数字代号	意义		字母代号	意义	
	电阻器	电位器		电阻器	电位器
1	普通	普通	G	高功率	高功率
2	普通	普通	T	可调	—
3	超高频	—	W	—	微调
4	高阻	—	D	—	多圈
5	高温	—	X	小型	小型
6	—	—	J	精密	精密
7	精密	精密	L	测量用	—
8	高压	特种函数	Y	被釉	—
9	特殊	特殊	C	防潮	—

2. 分类

电阻器的种类很多：常用的电阻器按照导电体的结构特征，分为实芯电阻器、薄膜电阻器和线绕电阻器；按电阻器的材料、结构的不同，又分为碳膜电阻器、金属氧化膜电阻器、线绕电阻器、热敏电阻器、压敏电阻器等。另外，按照各种电阻器的特性，还可分为高精度、高稳定、高阻、高压、大功率、高频以及超小型等各种专用类型的电阻器。下面分别叙述几类常用电阻器的性能及结构。

(1) 碳膜电阻器：碳膜电阻器稳定性好、噪声低、阻值范围较宽，既可制成小至几欧的低值电阻器，也能制成几十兆欧的高值电阻器，且价格较便宜。在－55～40 ℃的环境温度中，通常按50％的额定功率使用。薄膜电阻是在圆柱形陶瓷管体上覆一层具有一定导电能力的薄膜构成，引线在柱体两端引出。

(2) 金属膜电阻器与金属氧化膜电阻器：金属膜电阻器外形和结构与碳膜电阻器相似，不同的是金属膜电阻器采用合金粉真空蒸发制成，以金属膜作导电层，表面涂以红色或棕色保护漆。

金属膜电阻器的性能比碳膜电阻器更为优越，它不仅精密度高、稳定性好、阻值范围宽、噪声低，而且耐热性能好，在同样的功率条件下，体积只有碳膜电阻器的一半左右。可在－55～70 ℃的环境温度中，按100％的额定功率使用(实际工作时都降容使用)。这类电阻常用在质量要求较高的电路中。

金属氧化膜电阻器的性能与金属膜电阻器相似，其长期工作稳定性不如金属膜电阻，但耐热性较好。

(3) 线绕电阻器：线绕电阻器是用镍铬丝或锰铜丝、康铜丝绕在瓷管上制成的，分固定式和可调式两种。外表涂以釉或酚醛作为保护层，颜色有黑色、棕色、灰色和蓝色等。

线绕电阻器的特点是阻值精度很高、噪声小、阻值稳定、能承受高温、在环境温度150 ℃下仍能正常工作；但它体积大、阻值较低、大多在十万欧以下。同时线绕电阻器由于结构上的原因，分布电容和电感系数都比较大，不适合在高频电路中使用，这类电阻器通常在大功率电路中作降压元件或负载等用。

(4) 热敏电阻器：热敏电阻器是用一种对温度极为敏感的半导体材料制成的非线性元件。电阻值随温度升高而变小的叫负温度系数热敏电阻器；随温度升高而增大的为正温度系数热敏电阻器。

(5) 压敏电阻器：压敏电阻器是一种特殊的非线性电阻器，当加在压敏电阻器两端的电压达到一定值时，它的阻值会急剧变小。在电子线路中，它常用作过压保护和稳压元件。压敏电阻器按伏安特性可分为对称型(无极型)和非对称型(有极型)两种。它们都具有电压温度系数较小、耐浪涌电流能力强的特点。不同规格的压敏电阻，具有不同规格的转折电压和浪涌电流吸收能力。

3. 主要参数

(1) 标称阻值与允许误差。

标识在电阻器上的阻值称为标称阻值。但电阻的实际值往往与标称阻值不完全相符，即存在一定的误差。电阻器所允许的误差可由下式计算：

$$\delta = \frac{R - R_R}{R_R} \times 100\% \tag{1.1}$$

式中 δ——允许误差；R——电阻器的实际阻值；R_R——电阻器的标称阻值。

电阻器的阻值范围很宽，一般通用电阻器的阻值范围可为10 Ω～10 MΩ。

按规定，电阻器的标称阻值应符合常用电阻器标称阻值系列，如表 1.3 所示。电阻器的精度等级见表 1.4。

表 1.3 常用电阻器标称阻值表

允许误差	标称阻值/$\times10^n$ Ω (n 为整数)											
±5% (E_{24} 系列)	1.0 3.3	1.1 3.6	1.2 3.9	1.3 4.3	1.5 4.7	1.6 5.1	1.8 5.6	2.0 6.2	2.2 6.8	2.4 7.5	2.7 8.2	3.0 9.1
±10% (E_{12} 系列)	1.0 3.3		1.2 3.9		1.5 4.7		1.8 5.6		2.2 6.8		2.7 8.2	
±20% (E_6 系列)	1.3 3.3				1.5 4.7				1.2 6.8			

表 1.4 电阻器的精度等级表

精度等级	005	01(或 00)	02(或 0)	Ⅰ	Ⅱ	Ⅲ
允许误差	±0.5%	±1%	±2%	±5%	±10%	±20%

- 精密电阻器的精度等级分为±0.5%、±1%、±2%三个等级；
- 普通电阻器的精度等级分为±5%、±10%、±20%三个等级。

电阻的阻值和误差有两种表示方法，它们分别为：

- 数值表示法：用文字、数字或符号直接打印在电阻上的表示法；
- 色码表示法：用三到四个色环或色点表示电阻的阻值或允许误差。

图 1.1 所示为几种常见的色码表示法，色环所代表的意义见表 1.5。

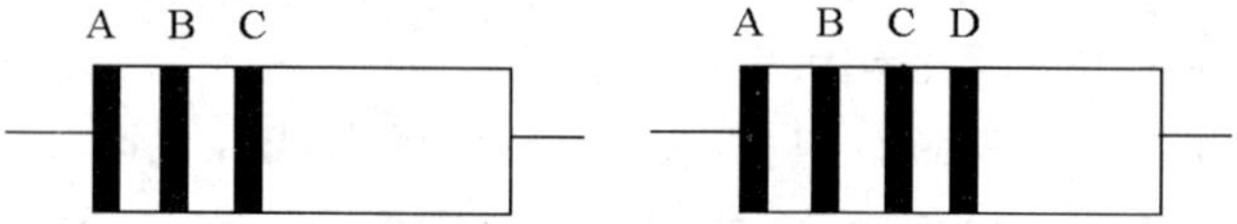

图 1.1 电阻器阻值与误差的色码表示法

表 1.5 色环、色点所代表的意义表

色环颜色	第一色环(A) 第一位数	第二色环(B) 第二位数	第三色环(C) 第三位数	第四色环(D)
黑	—	0	$\times10^0$	±1%
棕	1	1	$\times10^1$	±2%
红	2	2	$\times10^2$	±3%
橙	3	3	$\times10^3$	±4%
黄	4	4	$\times10^4$	—
绿	5	5	$\times10^5$	±0.5%
蓝	6	6	$\times10^6$	±0.2%

续表

色环颜色	第一色环(A) 第一位数	第二色环(B) 第二位数	第三色环(C) 第三位数	第四色环(D)
紫	7	7	$\times 10^{7}$	±0.1%
灰	8	8	$\times 10^{8}$	—
白	9	9	$\times 10^{9}$	—
金	—	—	$\times 10^{-1}$	±5%
银	—	—	$\times 10^{-2}$	±10%
本身颜色	—	—	—	±20%

■ 以上两种表示法中，如无误差等级标志，一律表示允许误差为±20%。

■ 例如有一个电阻的色环分别为棕、黑、红和银色，则该电阻的阻值为 $10\times 10^{2}\ \Omega$，即 1000 Ω，允许误差为±10%。

(2) 额定功率。

额定功率是指在正常条件下，电阻器长时间工作而不损坏或不显著改变其性能时，所允许消耗的最大功率。对于同一类电阻器，额定功率的大小取决于它的几何尺寸和表面面积。电阻器的额定功率系列见表 1.6 所示。

表 1.6　电阻器的额定功率系列表

种类	额定功率系列/W								
线绕电阻器	0.05	0.125	0.25	0.5	1	2	4	8	10
	15	25	40	50	75	100	150	250	500
非线绕电阻器	0.05	0.125	0.25	0.5	1	2	5	10	25
	50	100							
线绕电位器	0.25	0.5	1	1.6	2	3	5	10	16
	25	40	63	100					
非线绕电位器	0.025	0.05	0.1	0.25	0.5	1	2	3	

(3) 最大工作电压(极限工作电压)。

每一个电阻器都有其最大的耐压程度，这一电压称为最大工作电压，或称极限工作电压。电阻器的最大工作电压值用下式计算：

$$U_{\max}=\sqrt{P_R\cdot R_{\mathrm{Lj}}} \qquad (1.2)$$

式中：$U_{\max}$——最大工作电压；P_R——额定功率；R_{Lj}——临界阻值。

临界阻值由电阻器的额定功率以及它的结构、外形尺寸等因素确定。在实际使用中，当 $R<R_{\mathrm{Lj}}$ 时，一定要使电阻器低于额定工作电压工作。当 $R>R_{\mathrm{Lj}}$ 时，则必须低于最大工作电压，以免烧坏或产生极间击穿和飞弧现象。

1.1.2 电阻器的测量

使用电阻器时，首先要知道它是否完好，然后要确定一下它的实际阻值。下面介绍几种常用测量法。

1. 用万用表测量固定电阻器

测量前，将万用表调零，例如将万用表置于 $R\times 1$ kΩ 挡，将红、黑两根表笔短接，使表头指针阻值为零，然后用表棒接被测固定电阻器的两个引出端，此时表头指针偏转的指示值，即为被测电阻器的阻值。如果指针不摆动，则可将万用表换到 $R\times 10$ kΩ 挡，并重新调零。如果指针仍不摆动，则表示该电阻器内部已断，不能再用。如果指针摆动到指示为零，可将万用表置于 $R\times 10$ Ω 挡或 $R\times 1$ kΩ 挡(每次换挡均须调零后才能进行测量)。此时指针偏转指示的值，即该值 $\times 10$ 或 $\times 1$ 的值为电阻器的阻值。

注意：测量时人体手指不要触碰在被测固定电阻器的两个引出端上，以免影响测量精度，特别是对大电阻影响大，因为手有时有几百千欧姆的电阻。

2. 用电桥测量固定电阻器

如果认为用万用表测量电阻器的阻值精度不够要求的话，则可以用电桥来测量。要注意在被测电阻器所允许的最大功耗内进行测量。

1.1.3 电位器的命名、分类及参数

1. 型号命名

见 1.1.1 节电阻器的命名、分类及参数中型号命名一节。

2. 分类

电位器的种类较多，并各有特点。按所使用的电阻材料分为碳膜电位器、碳质实芯电位器、金属膜电位器、玻璃釉电位器、线绕电位器等，下面介绍几种常用的电位器。

(1) 碳膜电位器。

碳膜电位器的电阻片是用碳粉和树脂的混合物喷涂在马蹄形胶板上制成的。电阻片上旁边两端焊片间的电阻值是电位器的最大阻值，滑动臂与旁边两端焊片之间的阻值随触点位置改变而变化，改变滑动臂在碳膜片上的位置，就可以达到调节电阻的目的。

它的特点是结构简单、阻值范围宽(约为 100 Ω～4.7 MΩ)、价格便宜，但功率不太高，一般小于 2 W。它是目前使用最广泛的一种电位器。

(2) 线绕电位器。

线绕电位器的电阻体是用合金电阻丝制成的。它的特点是有较好的温度稳定性，噪声很低、精度高、耐热性能好、有较大的功率。在同样的功率下，线绕电

位器的体积最小,但价格高。

(3) 单圈式电位器。

单圈式电位器是线绕电位器的一种,它的滑动臂只能在不到 360°的范围内旋转。

(4) 多圈式电位器。

多圈式电位器的滑动臂从一个极端位置到另一个极端位置,它的轴要转动好几圈。这种电位器的电阻丝紧紧地绕在外有绝缘层的粗金属线上,金属线圈绕成螺旋形,装在有内螺纹的壳体内。电位器的滑动臂由转轴带动,能沿着螺旋形的金属线移动。转轴每旋转一周,滑动臂仅移动一个螺距。因此,多圈式电位器可以对电阻值作细微的调节。它的特点是电压分度十分细密和行程分辨率高,但成本高。这类电阻适用于需精密微调的电路。

3. 主要参数

电位器除与电阻器有相同的参数外,还有特有的几个参数。

(1) 最大阻值和最小阻值。

电位器的标称阻值都是指最大阻值,最小阻值又称零位阻值。由于触点存在接触电阻,因此最小电阻值不可能为零。

(2) 阻值变化特性。

它是指阻值随活动触点的旋转角度变化的关系,这种关系可以是任何函数形式。常用的有直线式、指数式和对数式,分别用 X、Z、D 表示。

直线式电位器,其阻值变化和转角成线性关系,多用在分压电路中。

指数式电位器,多用在音量控制电路中,以适应人耳听觉的需要。

对数式电位器,适用于与指数式相反的电路中,如音调控制电路。

(3) 滑动噪声。

由于电阻器电阻分配不当、转动系统配合不当和电位器接触电阻等原因,会使电位器的电接触刷在移动时,输出端除有有用信号外,还伴有随着信号起伏不定的噪声,这就是滑动噪声。

1.2 电 容 器

电容器具有隔直流和通交流的能力,因此在电子技术中是个十分重要的元件。利用电容器的充放电特性,可以用电容器组成定时电路、锯齿波产生电路、微分和积分电路以及滤波电路等。电容器用符号 C 表示。电容的基本单位为法拉,简称法(F)。但此单位过分大,常用的单位有微法(μF)、纳法(nF)和皮法(pF)等。它们之间的换算关系是:$1\,F=10^6\ \mu F$, $1\ \mu F=10^6\ pF$。

1.2.1 电容器的型号命名

根据部颁标准(SJ-73)规定,国产电容器的型号由下列四个部分组成:

第一部分(主称)用字母表示(一般用 C 表示)。第二部分(材料)用字母表示,具体含义见表 1.7。第三部分(特征)用字母或数字表示,具体含义见表 1.7。第四部分(序号)用数字表示。

表 1.7 电容器材料、特征表示方法表

材料符号	意义	特征					
		符号	意义				
			瓷介	云母	玻璃	电解介质	其他
C	瓷介	1	圆片	非密封	—	箔式	非密封
Y	云母	2	管形	非密封	—	箔式	非密封
I	玻璃釉	3	叠片	密封	—	烧结粉固体	密封
O	玻璃膜	4	独石	密封	—	烧结粉固体	密封
Z	纸介	5	穿心	—	—	—	穿心
J	金属化纸	6	支柱	—	—	—	—
B	聚苯乙烯	7	—	—	—	无极性	—
L	涤纶	8	高压	高压	—	—	高压
Q	漆膜	9	—	—	—	特殊	特殊
S	聚碳酸酯	J	金属膜				
H	复合介质	W	微调				
D	铝						
A	钽						
N	铌						
G	合金						
T	钛						
E	其他						

1.2.2 电容器的分类

电容器的种类很多,分类方法也各有不同。从结构上可分为:固定电容器和可变电容器两大类。根据介质材料不同来区分可分为:气体介质电容器(空气电容器、真空电容器、充电式电容器);液体介质电容器(油浸电容器);无机固体介质电容器(纸介电容器、涤纶电容器);电解介质电容器(分液式和干式两种);复合介质电容器(纸膜混合电容器)。

下面分别介绍几种常用电容器的结构及特点。

1. 瓷介电容器

瓷介电容器的形状与结构，常用的有管形、圆片形、瓶形、筒形、叠片形。

瓷介电容器以陶瓷材料作为绝缘介质，它的电极在瓷片表面用烧结渗透的方法形成银层面构成的。

瓷介电容器的特点：体积小、有很好的稳定性、绝缘电阻大、可制成高压电容器；结构简单、价格低廉，它很适合在高频电路、脉冲电路中使用。

2. 云母电容器

在两块铝箔或铜片间夹上云母绝缘层，从金属箔片上接出引线，就构成一个云母电容器。这两块金属箔是电容器的极片，云母层是它的介质。另一种是在云母表面直接喷涂上银层，而作为电容器的电极。如果把许多隔有云母的电极叠合起来，便构成一个容量较大的云母电容器。常见的云母电容器在它们外面有用胶木粉压制成的外壳。

云母电容器的特点：介质损耗小、有很高的绝缘电阻、稳定性好且耐高温，因此，常使用于高频电路和仪器仪表中。由于材料较贵且制造工艺较为复杂，使用日渐减少。

例：C_{T1}-0.022 μF-63 V 表示为圆片型低频瓷介电容器，电容量为 0.022 μF，额定工作电压为 63 V。

3. 有机薄膜介质电容器

有机薄膜介质电容器是以聚苯乙烯、聚四氟乙烯、聚碳酸酯等有机薄膜作为介质，以铝箔为电极或者直接在薄膜上蒸发一层金属膜为电极，然后经卷绕封装而制成的电容器。

有机薄膜电容器的特点：体积小、电容值稳定、绝缘电阻较大、漏电极小、耐压较高。其耐压小型的为 3～100 V，一般为 250～1000 V，有的高达 3000 V。它常被用于电视机、晶体管收音机以及各种仪器、仪表做旁路或滤波电容使用。

注意：因为这类电容器的耐热性较差，因此焊接时电容器引线不宜剪得太短。否则容易因高热而损坏。

4. 纸介电容器

纸介电容器是由厚度很薄的纸作为介质，铝箔作为电极，并经卷绕成圆柱形封装的电容器。

纸介电容器的特点：由于介质厚度小，而且纸有较高的抗张强度，因而可做成容量大、体积小的电容器。但它漏电流和介质损耗较大，电容值的温度系数较大，热稳定性差，不宜在要求较高的电路中使用。

如果电极不用金属箔，而是在纸上蒸发一层金属薄膜作为电极，这种纸介电容器为金属纸化介电容器。

5. 电解电容器

电解电容器的介质是一层极薄的附着在薄金属极板上的氧化膜，其阳极是附着有氧化膜的金属极，阴极则是液体、半液体和胶状的电解液。可以制成很大电容值的电容器。

电解电容器按阳极材料不同可分为：铝电解、钽电解、铌电解电容器。按极性又可分为有极性和无极性两种。使用较多的是有极性的铝电解电容器。

铝电解电容器一般简称为电解电容器。电解电容器的漏电较其他电容器大得多，损耗也大，因此不宜在高频电路中使用。电解电容器的允许误差较大，一般分为±10％、±20％和±(20％～50％)几种，它的实际容量有时会和标称容量相差很大。

钽电解电容器是以固体二氧化锰作为电解质，其正极材料是钽薄板，钽的外面烧结一层氧化膜并沉积一层二氧化锰后，再涂上一层石墨，石墨外面喷上金属作为负极。整个电容的封装材料用塑料或环氧树脂。

钽电解电容器的特点：体积小、性能稳定、绝缘电阻高、漏电流小，可长期储存使用；使用温度范围广，可在－55～85 ℃下工作，但价格高。一般仅在要求高的电路中使用。当其上加有反压时，绝缘电阻会急剧下降，甚至会击穿损坏。

各种有极性的电解电容器，都具有单向导电性质，因此在使用前先认好极性，将电容器的正端接电位高的一端，负端接电位低的一端。如极性接反，会使电容器击穿损坏。

6. 可变电容器

可变电容器的种类很多，常用的有以下几类：

(1) 单连可变电容器：它是由一个单元的动、定片组成的。空气单连可变电容器常用在直接放大式收音机中做调谐用，也使用在一些电子设备中。

(2) 等容双连可变电容器：它由两组同轴可变电容器组成，采用薄膜作介质。

(3) 差容双连可变电容器：它是由两组不同容量的同轴可变电容器组成。一类为差容空气介质双连可变电容器，多用于电子管超外差收音机上。另一类差容密封双连可变电容器采用薄膜做介质，多用在袖珍式收音机上。为减小收音机的体积，在双连的后面还附有两个微调电容器。注意：在使用可变电容器时，必须把动片可靠接地，否则会引起噪音信号。

(4) 微调电容器：微调电容器能对电容量作微量调节，常用云母、陶瓷或聚苯乙烯等材料作介质。但在高质量的通信设备和电子仪器中，也有用空气作介质。

1.2.3 电容器的主要参数

电容器的参数很多,但在实用上,一般仅以电容器的容量和额定工作电压作为选择依据。只有在要求较高的电路中,才考虑电容器的容量误差、高频损耗等参数。

在电容器上标志的容量值为标称容量。在实际生产中,电容器的电容量具有一定的分散性,无法做到和标称容量完全一致。为了便于生产的管理和使用,又规定了电容器的精度等级,确定了电容器在不同等级下的允许误差,如表 1.8 所示。允许误差可从下式求得

$$\delta = \frac{C - C_R}{C_R} \times 100\% \quad (1.3)$$

式中 δ——允许误差;C——电容器的实际容量;C_R——电容器的标称容量。

表 1.8 电容器的精度等级表

精度级别	00 (01)	0 (02)	I	II	III	IV	V	VI
允许误差/%	±1	±2	±5	±10	±20	+20～10	+50～20	+100～30

电容器的容量和允许误差有两种表示方法:

(1) 数值表示法:即用文字、数字或符号直接打印在电容器上的表示。它的规格标志一般为:型号—额定直流工作电压—标称容量—精度等级。例如:CJ3-400-0.01-II,表示密封金属化纸介电容器,额定直流工作电压 400 V,电容量 0.01 μF,允许误差±10%。

(2) 色环表示法:用三到四个色环表示电容器的容量和允许误差。各颜色所代表的意义见表 1.9。

表 1.9 电容器的容量和允许误差色环表示法表

颜色	有效数字	乘数	允许误差/%	颜色	有效数字	乘数	允许误差/%
银	—	10^{-2}	±10	绿	5	10^5	±0.5
金	—	10^{-1}	±5	蓝	6	10^6	±0.2
黑	0	10^0	—	紫	7	10^7	±0.1
棕	1	10^1	±1	灰	8	10^8	—
红	2	10^2	±2	白	9	10^9	±5～20
橙	3	10^3	—	无色	—	—	±20
黄	4	10^4	—				

电容器允许误差标识符号见表 1.10。

表 1.10 电容器允许误差标识符号表

符号	允许误差/%	符号	允许误差/%	符号	允许误差/%
E	±0.001	B	±0.1	K	±10
X	±0.002	C	±0.2	M	±20
Y	±0.005	D	±0.5	N	±30
H	±0.01	F	±1	R	+100～10
U	±0.02	G	±2	S	+50～20
R	±0.05	J	±5	Z	+80～20

电容量通常由 4 位有效数字来表示，再用一个字母表示数值的量级。如 1p2 表示 1.2 pF；220 n 表示 0.22 μF；3 μ3 表示 3.3 μF 等。

1.3 电感线圈

1.3.1 电感线圈的型号命名

电感线圈电感量的标志方法主要有以下三种：

直标法：单位 H(亨利)、mH(毫亨)、μH(微亨)；数码表示法：方法与电容器的表示方法相同；色码表示法：这种表示法也与电阻器的色标法相似，色码一般有四种颜色，前两种颜色为有效数字，第三种颜色为倍率，单位为 μH，第四种颜色是误差位。

我们常见的是国产电感线圈，其型号由以下四部分组成：

第一部分(主称)用字母表示(*L* 为线圈、*XL* 为阻流圈)；第二部分(特征)用字母表示(*G* 为高频)；第三部分(型式)用字母表示(*X* 为小型)；第四部分(区别代号)用字母 A、B、C…表示。

1.3.2 电感线圈的分类

电感线圈的种类很多，按其结构特点可分为单层线圈、多层线圈、蜂房线圈、带磁芯线圈及可变电感线圈等。下面分别介绍不同结构电感线圈的外形结构与特点。

1. 单层线圈

单层线圈的电感量较小，约在几个微亨至几十微亨之间。单层线圈通常由高强度漆包铜线绕成，使用在高频电路中。为了提高线圈的 *Q* 值，单层线圈的骨架，常使用介质损耗小的陶瓷和聚苯乙烯材料制作。

线圈的绕制可采用密绕和间绕。间绕线圈每圈间都相距一定的距离，所以分布电容较小。当采用粗导线时，可获得高 *Q* 值和高稳定性。但间绕线圈电感量不能做得很大，因而它可以使用在要求分布电容小，稳定性高，而电感量较小的场合。对于电感量大于 15 μH 的线圈，可采用密绕。密绕线圈的体积较小，但它圈间电容较大，且 Q 值不易作高。

另外，对于有些要求稳定性较高的地方，还应用镀银的方法将银直接镀覆在膨胀系数很小的瓷质骨架表面，制成电感系数很小的高稳定型线圈。在高频大电流的条件下，为了减少集肤效应，线圈通常使用铜管绕制。

2. 多层线圈

单层线圈的电感量小，如要获得较大值电感量时单层线圈已无法满足。因此，当电感量大于 300 H 时，就应采用多层线圈。

多层线圈除了圈与圈之间具有电容之外，层与层之间也具有电容，因此使用多层线圈的分布电容大大增加。同时线圈层与层间的电压相差较多。但层间的绝缘问题较难处理。为此多层线圈常采用分段绕制，各段之间距离较大，以减少了线圈的电容和耐压问题。

3. 蜂房线圈

多层线圈的缺点之一就是分布电容较大，采用蜂房绕制方法，可以减少线圈的固有电容。

所谓的蜂房式，就是将被绕制的导线以一定的偏转角（约 19°～26°）在骨架上缠绕。通常缠绕是由自动或半自动的蜂房式绕线机进行的。对于电感量较大的线圈，可以采用两个、三个以至多个蜂房线包将它们分段绕制。

4. 带磁芯线圈

线圈加装磁芯后，电感量增加。加装磁芯后还可以减小线圈的体积，减少损耗和分布电容。品质因数亦可得到提高。另外，调节磁芯在线圈中的位置，还可以改变电感量。

1.3.3　电感线圈的主要参数

1. 电感量

电感量大小，跟电感线圈的圈线、截面积以及内部有没有铁芯或磁芯有很大关系。如果在其他条件相同的情况下，圈数越多，电感量就越大；圈数相同，其他条件不变，那么线圈的截面积越大，电感量就越大；同一个线圈，插入铁芯或磁芯后，电感量比空心时明显增大，而且插入的铁芯或磁芯质量越好，线圈的电感量就增加得越多。

2. 品质因素

品质因素是表示线圈质量的一个参数。它是指线圈在某一频率的交流电压下工作时，线圈所呈现的感抗和线圈电阻的比值，用公式表示为

$$Q=\frac{2\pi fL}{R}=\frac{\omega L}{R} \tag{1.4}$$

其中 Q——线圈的品质因素；L——线圈的电感量；R——线圈的电阻；f——频率；ω——角频率。

当 L、f 一定时，品质因素 Q 就与线圈的电阻 R 有关，电阻越大，Q 值就越小；反之，Q 值就越大。在谐振回路中，线圈的 Q 值越高，回路的损耗就越小，因此回路的选择性就越高，滤波性能就好。但 Q 值的提高往往受到一些因素的限制，如导线的直流电阻，线圈架的介质损耗，以及由于屏蔽盒和铁芯引起的损耗，还有在高频工作时的集肤效应等。因此实际上线圈的 Q 值不可能做得很高，通常为几十至一百，最高到四五百。

3. 分布电容

线圈的圈和圈之间存在电容，线圈与地之间以及线圈与屏蔽盒之间也存在电容。这些电容称为分布电容。分布电容的存在，影响了线圈的性质。因此总希望线圈的分布电容尽可能地小。

4. 稳定性

在温度/湿度等因素改变时，线圈的电感量以及品质因素便随之改变。稳定性则表示线圈参数随外界条件变化而改变的程度，通常以其参数随温度等外界条件变化而变化的百分比来表征其稳定性质量指标。

1.3.4 几种常用电感的计算

1. 单直导线的电感量

单根圆形截面的长直导线，如图 1.2 所示可按(1.4)式计算：

$$L=2l\left\{\ln\left(\frac{4l}{d}+\mu_r K_3-1\right)\right\}mh \tag{1.4}$$

上式中 $l\gg d$，l 和 d 均以 cm 为单位，求出的电感量以 mH 为单位。μ_r 是导线所处环境的相对磁导率。在导线周围无磁性材料，$\mu_r=1$。K_3 表示趋肤效应的影响，与导线直径和使用的工作频率有关。K_3 的值可由诺模图(如图 1.3 所示)中求得。

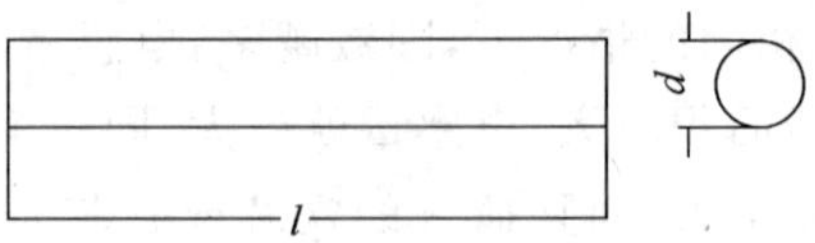

图 1.2 单直导线的电感量计算

为了对趋肤效应的影响不做细微的考虑，在高频使用时，单直导线的电感量可用下式来计算。

$$L = 2l\left\{\ln\left(\frac{4l}{d} - 0.25\right)\right\} \tag{1.5}$$

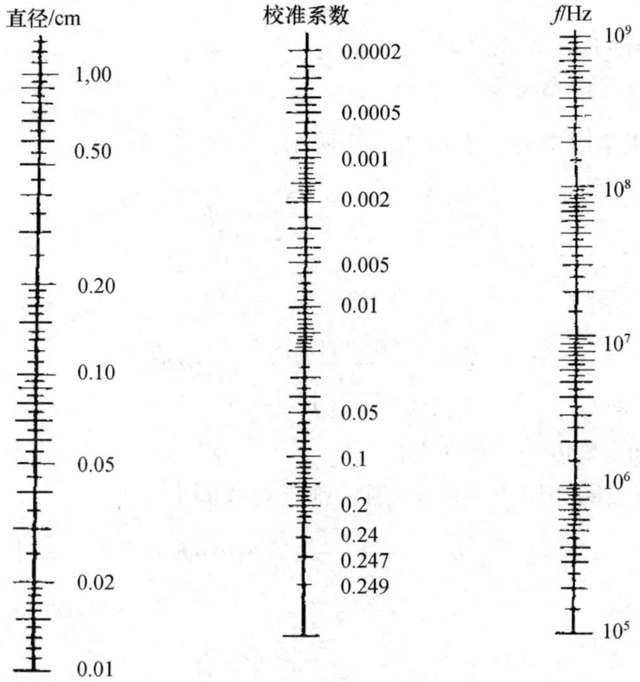

图 1.3　利用诺模图求 K_3 的值

2. 平行导线的电感量

两根平行导线的电感量如图 1.4 所示，当导线长 l 大于 10 倍导线间距 a 时，可按下式计算：

$$L = 4l\left\{\ln\frac{2a}{d} - \frac{a}{l} + \mu_r K_3\right\}\cdots mh \tag{1.6}$$

上式中，l、a 和 d 均以 cm 为单位，μ_r 是平行导线所处环境的相对磁导率，系数 K_3 可在图中查找得。

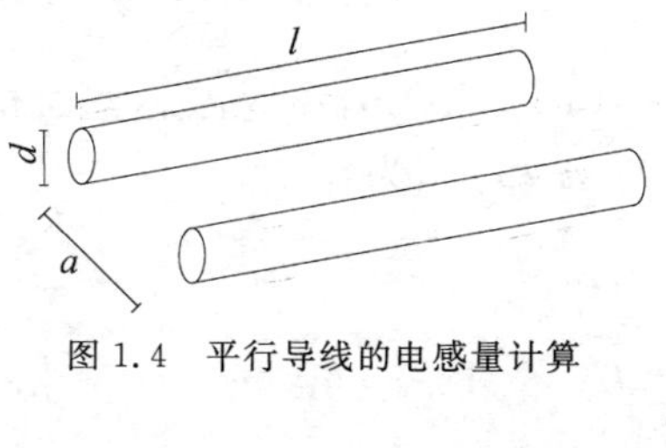

图 1.4　平行导线的电感量计算

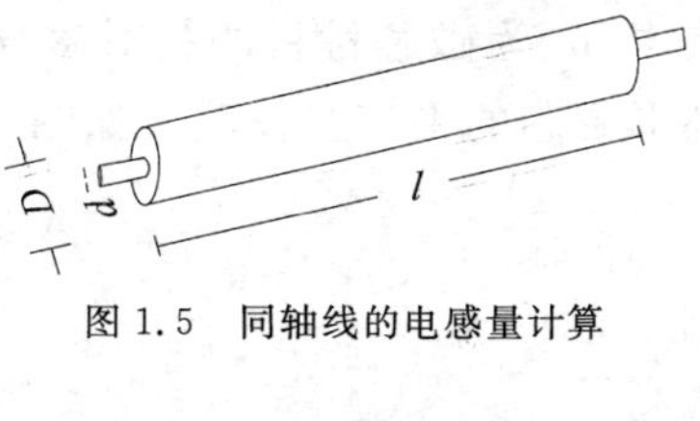

图 1.5　同轴线的电感量计算

3. 同轴线的电感量

同轴线的电感量如图 1.5 所示，可按下式计算：

$$L = 2l\left(\ln\frac{D}{d}\right)\cdots mh \qquad (1.7)$$

式中，l、D、d 等均以 cm 为单位。

4. 空心线圈的电感量

对于 N 匝单层空心线圈如图 1.6 所示，当 $l>\frac{2}{3}r$ 时，

$$L = \frac{0.39r^2N^2}{9r+10l}\cdots mh \qquad (1.8)$$

而当时$\frac{r}{10}<l<\frac{2}{3}r$，

$$L = \frac{0.394r^2N^2}{\left(9-\frac{r}{5l}\right)r+10l}\cdots mh \qquad (1.9)$$

上二式中，r 和 l 均以 cm 为单位。

对于多层线圈如图 1.7 所示(通常都指短线圈 $l<b$)

$$L = \frac{0.315r^2N^2}{6r+9l+10d}\cdots mh \qquad (1.10)$$

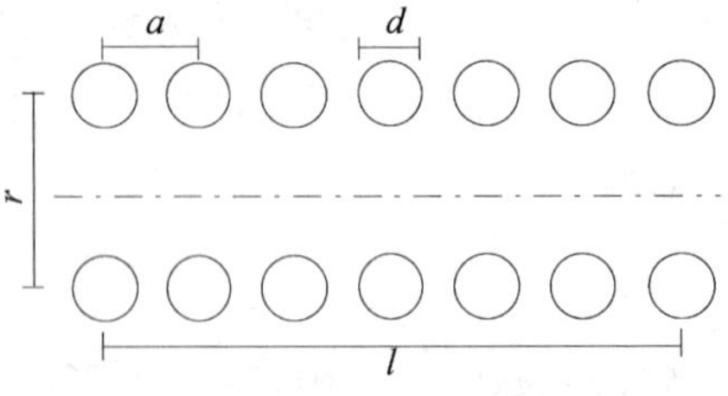

图 1.6　单层空心线圈孤电感量计算

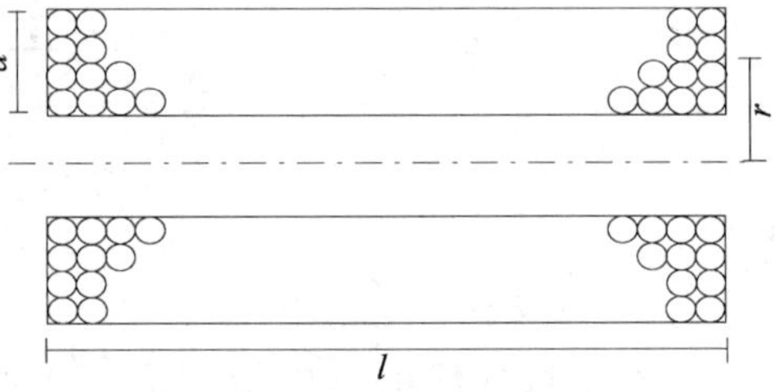

图 1.7　多层空心线圈的电感量计算

5. 环形磁芯线圈的电感量

为了获得较大的电感量，经常将 N 匝线圈绕制于铁氧体磁导材料骨架上，当骨架的外径为 d_a，内径为 d_i，厚度为 h 时，线圈的电感量：

$$L = \mu_r\mu_0N^2\frac{A}{l_m} \qquad (1.11)$$

上式中，μ_r 为磁芯材料的相对磁导率，$\mu_0=4\pi\times10^{-9}$ h/cm，A 为磁芯截面积，l_m 为环形磁芯的平均总长度。如图 1.6 所示计算 A 和 l_m，为：

$$A = \frac{1}{2}(d_a-d_i)h$$

$$l_m = \pi\frac{d_a+d_i}{2} \qquad (1.12)$$

故
$$L = \mu_r \mu_0 N^2 \frac{(d_a - d_i)h}{\pi(d_a + d_i)} \tag{1.13}$$

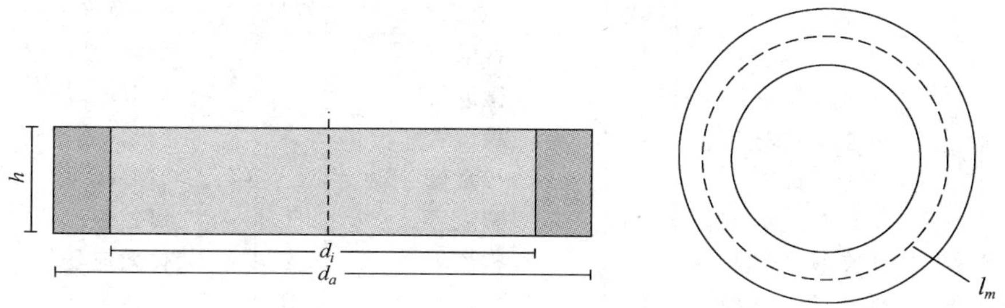

图 1.8　环形磁芯线圈的电感量计算

铁氧体磁性材料的相对磁导率因其组成组成成分的差异而不同，同时受工作频率的影响。通常工作在 1 MHz 以下的低频铁氧体，μ_r 值的范围在几百至几千之间，而可工作在几十兆以上的高频铁氧体，μ_r 的值仅在几十量级。

1.4　晶　体　管

1.4.1　晶体管的型号命名

不同公司生产的器件命名方法各不相同，按照国标，晶体管的型号由以下五个部分组成，见表 1.11。

第一部分（电极数目）用阿拉伯数字表示（2——二极管，3——三极管）；第二部分（材料和极性）用汉语拼音字母表示；第三部分（类型）用汉语拼音字母表示；第四部分（序号）用阿拉伯数字表示；第五部分（规格）用汉语拼音字母表示，如表 1.11 所示。

注意：场效应管、半导体特殊器件、复合管等的型号命名，只有第三、四、五部分。

近年来，1N 系列塑封硅整流二极管在各类电子仪器设备中的应用，正迅速取代国产的 2CP 系列普通二极管以及 2CZ11、2CQZ12 系列整流管和 2CK 系列开关管。这类二极管的突出特点是体积小、价格低、性能优良。通常靠近白色色环的引脚为二极管的负极。这是遵循美国电子工业协会（Electronic Industries Alliance，EIA）规定的晶体管分立器件的命名法命名的半导体器件。

美国晶体管或其他半导体器件的型号命名法较混乱。这里介绍的是美国晶体管标型号命名法，即美国电子工业协会（EIA）规定的晶体管分立器件型号的命名法，如表 1.12 所示。

表 1.11 用汉语拼音字母表示晶体管材料和极性及类型含义表

第二部分			第三部分			
符号	意义		符号	意义	符号	意义
A	二极管	N 型，锗材料	P	普通管	D	低频大功率管
B		P 型，锗材料	V	微波管		(f_α<3 MHz，P_c<1 W)
C		N 型，硅材料	W	稳压管	A	高频大功率管
D		P 型，硅材料	C	参量管		(f_α≥3 MHz，P_c≥1 W)
A	三极管	PNP 型，锗材料	Z	整流管	T	可控整流器
B		NPN 型，锗材料	L	整流堆	Y	体效应器件
C		PNP 型，硅材料	S	隧道管	B	雪崩管
D		NPN 型，硅材料	N	阻尼管	J	阶跃恢复管
		化合物材料	U	光电器件	CS	场效应器件
			K	开关管	BT	半导体特殊器件
			X	低频小功率管	FH	复合管
				(f_α<3 MHz，P_c<1 W)	IG	激光器件
			G	高频小功率管	PIN	PIN 型管
				(f_α≥3 MHz，P_c<1 W)	FG	发光管
					JG	激光器件

注：半导体特殊器件、场效应管、复合管、PIN 型管和激光器件的型号命名只有第三、四、五部分。

表 1.12 美国电子工业协会半导体器件型号命名法

第一部分		第二部分		第三部分		第四部分		第五部分	
用符号表示用途的类型		用数字表示 PN 结的数目		美国电子工业协会（EIA）注册标志		美国电子工业协会(EIA)登记顺序号		用字母表示器件分档	
符号	意义	符号	意义	符号	意义	符号	意义	符号	意义
JAN 或 J	军用品	1	二极管	N	该器件已在美国电子工业协会注册登记	多位数字	该器件在美国电子工业协会登记的顺序号	A B C D …	同一型号的不同档别
		2	三极管						
无	非军用品	3	三个 PN 结器件						
		n	n 个 PN 结器件						

美国晶体管型号命名法的特点：

(1) 型号命名法规定较早，又未作过改进，型号内容很不完备。例如，对于材料、极性、主要特性和类型，在型号中不能反映出来。例如，2N 开头的既可能是一般晶体管，也可能是场效应管。因此，仍有一些厂家按自己规定的型号命名法命名。

(2) 组成型号的第一部分是前缀,第五部分是后缀,中间的三部分为型号的基本部分。

(3) 除去前缀以外,凡型号以 1N、2N 或 3N……开头的晶体管分立器件,大都是美国制造的,或按美国专利在其他国家制造的产品。

(4) 第四部分数字只表示登记序号,而不含其他意义。因此,序号相邻的两器件可能特性相差很大。例如,2N3464 为硅 NPN,高频大功率管,而 2N3465 为 N 沟道场效应管。

(5) 不同厂家生产性能基本一致的器件,都使用同一个登记号。同一型号中某些参数的差异常用后缀字母表示。因此,型号相同的器件可以通用。

(6) 登记序号数大的通常是近期产品。

除此之外,比较常用的半导体器件的命名方法还有国际电子联合会半导体器件命名法、日本半导体器件型号命名法。

1.4.2 晶体二极管

1. 分类

晶体二极管按其制造材料的不同,可分为硅管和锗管两大类。两者性能区别在于:锗管正向压降比硅管小(锗管为 0.2 V,硅管为 0.5～0.8 V);锗管的反向漏电流比硅管大(锗管几百 μA,硅管小于几 μA);锗管的 PN 结可承受的温度比硅管低(锗管约为 100 ℃,硅管约为 200 ℃)。

如按其结构可分为点接触型二极管和面接触型二极管。

如按其用途又可分为:检波、整流、稳压二极管,桥式整流组件,硅堆、开关、发光、光电、变容、隧道二极管等。

下面介绍部分二极管的特性。

(1) 整流、检波二极管。整流管一般用硅材料制成,所以称硅整流二极管。通常检波二极管用锗材料制成,所以常称为锗检波二极管。

整流二极管要求通过较大正向电流,对结电容无特殊要求,所以其 PN 结多为面结型;检波二极管要求能工作于较高频率,要求结电容小,正向通过电流能力不太要求,故其 PN 结多为点接触型。

当二极管的正极接低电位,负极接高电位,其电压不超过 U_D(锗管 U_D,硅管 U_D')时,此时通过二极管的电流(称反向电流)是很小的,而且基本不随外加电压的增加而增加,维持一个较小的定值,所以又称为反向饱和电流。二极管的反向饱和电流,虽然和反向电压的大小关系不大,但却随着环境温度的增加而增大。二极管在反向电压作用下所呈现的电阻称为反向电阻。二极管的反向电阻是比较大的(几十千欧至几百千欧以上),在某一温度下,可以认为是一个定值。

总之,二极管在正向电压作用下,正向电阻较小,可通过较大的电流;在反向电压作用下，反向电阻很大，反向电流很小。这就是二极管(实际上为PN结)的单向导电性。整流作用就是根据二极管的单向导电性而来。检波二极管的工作原理也是根据二极管的单向导电性而来。

(2) 稳压二极管。稳压二极管是一种能稳定电压的二极管。在稳压管两端加上反向电压以后，如果所加电压较低，稳压管不能反向击穿，此时它和普通二极管是一样的。在反向电压小于击穿电压时，它的反向电流很小，一旦反向电压达到其击穿电压的数值时，反向电流上升，呈击穿现象，这时，它的反向电压基本上稳定在击穿电压附近，从而达到稳定电压的作用，在击穿电压下，只要限制其通过的电流，使不超过其额定值，是可以安全地工作在反向击穿状态下的。

(3) 变容二极管。变容二极管是利用PN结上所加电压不同而改变电容原理制成的半导体器件，在电路中可当做可变电容使用。广泛使用于无线电通信设备及仪器等设备中做频率微调电路部件。在电视机和调频收音机的电子调谐电路就应用了变容二极管。变容二极管的伏安特性曲线和普通二极管一样，不同的是实际使用中它工作在反向偏置区，起电容元件的作用，结电容的大小与偏压的大小有关，反向偏压越高，结电容越小；反之结电容越大。偏压与结电容之间的关系是非线性的。

(4) 隧道二极管。隧道二极管和普通二极管一样，有一个PN结，但是由于采用了高掺杂材料，隧道二极管的伏安特性与普通二极管的伏安特性有很大区别。

隧道二极管是具有负阻特性的半导体两端器件，由于电路简单、功耗小和开关速度快等特点，在高速脉冲电路和高频电路中获得广泛应用。

对于锗隧道二极管峰值电压约为40～80 mV，谷值电压约为270～350 mV；而对砷化镓隧道二极管峰值电压约为90～120 mV，谷值电压约为450～600 mV。

(5) 光电二极管。光电二极管是一种能把光照强弱变化转换成电信号的半导体器件。光电二极管的顶端有一个能射入光线的窗口，光线通过窗口照射到管芯上，在光的激发下，光电二极管内产生大批“光生载流子”，管子的反向电流大大增加，使内阻减小。目前在光电自动控制中用得很广泛。

2. 主要参数

常用的检波、整流二极管，主要有以下几个参数：

(1) 最大整流电流。晶体二极管连续工作时，允许正向通过PN结的最大平均电流，用I_{FM}表示。如电路电流大于此值，可使PN结温度超过额定值(锗管为80℃、硅管为150℃)而损坏。

(2) 最大反向电压。反向加在二极管两端，而不使PN结击穿的最大电压，用U_{RM}表示。如实际工作电压的峰值超过此值，PN结中的反向电流将剧增而使整流特性变坏，甚至烧毁二极管。

(3) 最大反向电流。因载流子的漂移作用，二极管截止时仍有反向电流通过 PN 结，该电流受反向电压影响。当反向电压为 U_{RM} 时，反向电流即为最大，用 I_{RM} 表示。二极管的 I_{RM} 越小，质量越好。

(4) 击穿电压。加在二极管两端的反向电压急剧增大，使反向电流也随之增大。当反向电流击穿 PN 结的反向电压，即为击穿电压，用 U_B 表示。U_B 一般为 U_{RM} 的 2 倍。

3. 普通晶体二极管的万用表测量

普通二极管指整流二极管、检波二极管、开关二极管等。其中包括硅二极管和锗二极管。它们的测量方法大致相同。

(1) 小功率二极管的测量。用模拟万用表测量时，将万用表置于 $R\times100$ 或 $R\times1\,k$ 挡，将黑表笔(高电位端)接二极管的正极，红表笔(低电位端)接二极管的负极，阻值一般应在 100～500 Ω 之间。当红、黑表笔互换后，阻值应在几百 kΩ 以上。如果测量结果正反向阻值均很大，远大于以上正常值，说明该管子内部已断路。以上两种情况均说明二极管已损坏，不能使用。

如果不知道二极管的正负极性，也可用上述方法进行判别。测量中，万用表上显示阻值很小时，即为二极管的正向电阻，黑表笔所接触的一端为二极管的正极，另一端为负极。如果表上显示阻值很大，则红表笔相连的一端为正极，另一端为负极。

(2) 中、大功率二极管的测量。只需将万用表置于 $R\times1$ 或 $R\times10$ 挡，测量方法与测小功率二极管相同。

(3) 高压二极管的测量。直接用万用表一般无法确定高压二极管的极性和好坏。因为万用表内电池电压不够高。通常应在图示仪上测量。

1.4.3　晶体三极管

1. 分类

晶体三极管简称三极管，按材料分为锗三极管、硅三极管；按 PN 结组合分为 NPN 三极管、PNP 三极管；从结构上分为点接触型和面结合型；按工作频率分为高频管($f_T>3$ MHz)、低频管($f_T<3$ MHz)；按功率分为大功率管($P_c>1$ W)、中功率管(0.5 W$<P_c<1$ W)、小功率管($P_c<0.5$ W)。例如 3DG100 (3DG6) 指的是 NPN 型硅高频小功率三极管，而常用的(3CX)9012、(3DX) 9013 是塑封的硅三极管。

2. 主要参数

三极管的参数分两类：一类是应用参数，表明晶体管在一般工作时的各种参数；另一类是极限参数，表明晶体管的安全使用范围。前者主要包括电流放大系数、截止频率、极间反向电流、输入输出电阻；后者包括击穿电压、集电极最大允许电流、集电极最大耗散功率等。它们的意义如下：

(1) 电流放大系数。三极管的电流放大系数分静态电流放大系数和动态电流放大系数两项：静态电流放大系数指在直流状态下，三极管的集电极电流 I_c 和基极电流 I_b 之比，在共射状态下，常用 $\bar{\beta}$ 表示，即

$$\bar{\beta}=\frac{I_c}{I_b} \tag{1.14}$$

动态电流放大系数指在交流状态下，集电极电流的变化值 ΔI_c 与基极电流的变化值 ΔI_b 之比，常用 β 表示，即

$$\beta=\frac{\Delta I_c}{\Delta I_b} \tag{1.15}$$

低频时，$\bar{\beta}$ 和 β 很接近。由于制造工艺和材料方面的原因，相同型号的三极管，β 值有很大的差别，一般为 20～200。β 值太小，三极管放大能力差；而 β 值太大的三极管往往性能不稳定。有些三极管在管壳顶上印有色标，作为 β 值分挡标记。

有时用 α 表示在共基状态下管子的电流放大能力，其值为集电极电流 I_c 与发射极电流 I_c 之比，即

$$\alpha=\frac{I_c}{I_e} \tag{1.16}$$

α 的值一般均大于 0.95。

α 和 β 的关系为

$$\beta=\frac{\alpha}{1-\alpha} \tag{1.17}$$

(2) 极间反向电流。主要用来表示管子工作的稳定情况。管子的极间反向电流有两个：一个是集电结反向饱和电流 I_{CBO}，是指发射极开路时，基极与集电极之间(即集电结)的反向饱和电流；另一个是穿透电流 I_{CEO}，是指基极开路时，集电极和发射极之间反向电流。二者的关系是：$I_{CEO}=(1+\beta)I_{CBO}$

室温(25℃)情况下，小功率锗管的 I_{CBO} 约为 10 μA，小功率硅管的 I_{CBO} 则小于 1 μA。一般认为，硅管的 I_{CBO}，温度每升高 8℃增加 1 倍；对于锗管，温度每升高 12℃增加 1 倍。

(3) 输入输出电阻。输入电阻(r_{be})是指三极管集电极和发射极之间电压恒定，即输出交流短路，($\Delta U_{ce}=0$ 时)b-e 极间的电阻。低频小功率晶体管的 r_{be} 为

$$r_{be}=\left.\frac{\Delta U_{be}}{\Delta I_b}\right|_{U_{ce}=\text{常数}}$$

$$r_{be}=300+(1+\beta)\frac{26}{I_e}\quad(\Omega) \tag{1.18}$$

输出电阻(r_{ce})是指三极管输入交流短路，即 $\Delta I_b=0$ 时，c-e 极间的电阻。在共发射极电路里，r_{ce} 为

$$r_{ce}=\left.\frac{\Delta U_{ce}}{\Delta I_c}\right|_{I_b=\text{常数}} \tag{1.19}$$

表 1.13　三极管常用参数的名称及符号表

符号	参数名称	符号	参数名称
I_{CBO}	发射极开路，集电极-基极反向截止电流	B_{UCER}	基极-发射极间外接电阻时，集电极-发射极击穿电压
I_{CEO}	基极开路，集电极-发射极反向电流	B_{UCES}	基极-发射极间短路，集电极-发射极击穿电压
I_{EBO}	集电极开路，发射极-基极反向电流	P_i	输入功率
I_{CM}	集电极最大允许脉冲电流	P_o	输出功率
I_{BM}	基极最大允许电流	R_i	输入阻抗
h_{ie}	共发射极小信号输入阻抗	R_o	输出阻抗
h_{re}	共发射极小信号反向电压传输比	B_{UCER}	基极-发射极串接电阻时，集电极-发射极击穿电压
f_T	特征频率	B_{UCES}	基极-发射极间短路，集电极-发射极击穿电压
f_a	共基极截止频率	I_{CM}	集电极最大允许电流
F_β	共发射极截止频率	P_{CM}	集电极最大允许耗散功率
f_M	最高振荡频率	N_F	噪声系数
R_{bb}	基极电阻	N_{FL}	低频噪声系数
K_P	功率增益	N_{FH}	高频噪声系数
B_{UCBO}	发射极开路，集电极-基极击穿电压	C_c	集电结结电容
B_{UCEO}	基极开路，集电极-发射极击穿电压	C_{ob}	共基极输出电容
B_{UEBO}	集电极开路，发射极-基极击穿电压	C_{Te}	发射势垒电容
T_{jM}	允许最大结温	h_{rb}	共基极小信号开路电压反馈系数
h_{ib}	共基极小信号短路输入阻抗	a	共基极小信号短路电流放大系数
t_{on}	开启时间，$t_{on}=t_d+t_r$	h_{ib}	共基极小信号短路输入阻抗
t_{off}	关闭时间，$t_{off}=t_s+t_f$	h_{ob}	共基极小信号开路输出导纳
T_c	管壳温度		

(4) 截止频率 f_α、f_β。f_α 是指共基极电路中，输出端交流短路时，其电流放大系数 α 的幅值下降到低频(1 kHz)值的 0.707 时的频率。f_β 是指在共射极电

路中，输出端交流短路时，其电流放大系数 β 的幅值下降到低(1 kHz)值的0.707时的频率。f_β 和 f_α 的关系为

$$f_\beta = (1-\alpha)f_\alpha \approx \frac{f_\alpha}{\beta} \tag{1.20}$$

低频管的 $f_\alpha<3$ MHz，高频管的 $f_\alpha \geqslant 3$ MHz。

(5) 特征频率。特征频率 f_T 是指当频率大于 f_β 后，β 将以很快的速度下降，频率每增加一倍，β 值将下降一半，当 β 降到 1 时的频率即为特征频率。此时共发射极电路将失去电流放大作用。

(6) 击穿电压。三极管的击穿电压主要有三种：$U_{(BU)EBO}$、$U_{(BU)CEO}$、$U_{(BU)CBO}$，它们的意义如下：

- $U_{(BU)EBO}$：集电极开路，发射极-基极间的反向击穿电压。
- $U_{(BU)CEO}$：基极开路，集电极-发射极间的反向击穿电压。
- $U_{(BU)CBO}$：发射极开路，集电极-基极间的反向击穿电压。

三者的关系为：$U_{(BU)EBO}<U_{(BU)CEO}<U_{(BU)CBO}$。

使用晶体管时，任何情况下，各极间的电压都不允许超过上述规定值。三极管常用参数参见表 1.13 所示。

3. 中、小功率晶体三极管的测量

(1) 用万用表测量。

① 三极管管型和电极的判断，测量时将万用表置 $R\times100$ 或 $R\times1$ k 挡。

先判断基极和类型：把红表笔(低电位)接某一管脚，黑表笔(高电位)分别接另外两管脚，测量两个电阻，如测得的阻值均较小，为 1 kΩ 左右时，则红表笔所接管脚即为晶体管基极，该三极管为 PNP 管。若是黑表笔接某一管脚，红表笔分别接另外两个管脚，测得的阻值均较小，且为 5 kΩ 左右，则黑表笔所接的管脚为基极，该管为 NPN 管。

发射极和集电极的判别：管子的管形及基极判定后，根据三极管正向应用 β 值大，反向应用(即发射极当集电极用，集电极当发射极用)，β 值小，两种应用状况 β 值有明显差异的特点，就可以判别哪一个是集电极，哪一个是发射极了。

如果待测的是 NPN 管，那么将红，黑表笔分别接在除基极以外的其余两个电极上，再将手指蘸点水，用拇指和食指把基极和红表笔接的那个极一起捏住(不能使两极相碰)，记下此时万用表 Ω 挡的读数。然后对换万用表两根表笔，用同样的方法再测试一次，也记下万用表 Ω 挡的读数。比较两次结果，其中阻值小的一次黑表笔所接的管脚是集电极，红表笔接的管脚是发射极。如果是 PNP 管，结果则相反。测试 NPN 管子的方法见图 1.9 所示。

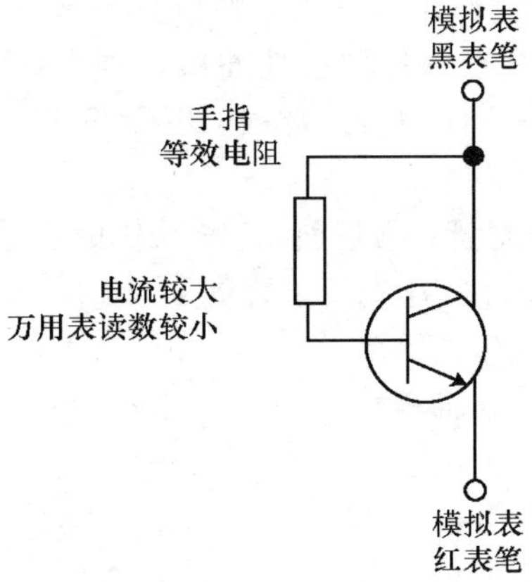

图 1.9　用万用表测试三极管的示例

② 三极管质量好坏的简易判断。测量结电阻：用万用表粗测三极管的极间电阻，可以判断管子质量的好坏。正常情况下，质量良好的中、小功率三极管发射结和集电结的正向阻值比较低（一般为几百欧至几千欧），而其反向电阻及其他极间电阻则较高（一般为几百千欧）。

③ 三极管穿透电流 I_{CEO} 的测量。I_{CEO} 在电路设计中是必须注意的参量，尤其 PNP 管，由于其 I_{CEO} 较大，在选择晶体管时应用图示仪进行测量。在无图示仪时，可以用万用表电阻挡比较不同管子 I_{CEO} 的大小。

测量 PNP 型三极管的 I_{CEO} 时，万用表置于 $R\times100$ 或 $R\times1$ k 挡，红表笔接集电极，黑表笔接发射极，基极空着。若测得的电阻值在 50 kΩ 以上，表示管子的 I_{CEO} 较小；如果测得电阻很小或指针来回晃动，说明管子的 I_{CEO} 大，且不稳定；如果测量时用手捏住管壳，表针会逐渐向右漂移（阻值减小），说明管子的热稳定性差，不宜使用。在测 NPN 型三极管时，应把表笔对调位置，而且测得的电阻值将更大。

④ 反向击穿电压的简易测量。在电源电压较高时，要求晶体管的 BU_{CEO} 必须高出电源电压，一般应用图示仪测量该参数，在无图示仪的情况下，亦可用高内阻万用表的电压挡来估测之。方法如下：

以 NPN 管为例，连接图 1.10 所示的电路，万用表置于直流 100 V 或 250 V 挡，限流电阻约取 100 kΩ 左右，功率大于 1/2 W，选用高内阻的万用表上的读数，大体就是被测三极管的反向击穿电压 BU_{CEO}。

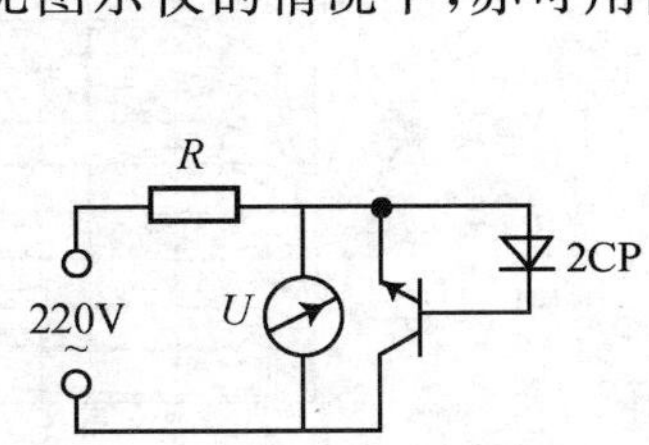

图 1.10　反向击穿电压的简易测量

⑤ 判别三极管是锗管还是硅管。硅管的正向压降较大（0.6～0.7 V），而锗管的正向压降较小（0.2～0.3 V），可据此，很方便地区别出这种不同材料的管子。

(2) 用晶体管图示仪测量。晶体管特性的测量一般应用晶体管特性图示仪。可以得到较正确的数据和各种特性曲线。现以硅 NPN 型三极管 3DG6 为例，测其在共发射极时的特性曲线。此时，图示仪测试台上的接地开关置于发射极接地。

① 输出特性曲线的测量：测量前，将图示仪的屏幕光标的零点移至光标的左上角。三极管接入图示仪，各旋钮位置如下：

峰值电压范围	0～20 V
集电极扫描极性	正(＋)
功耗限制电阻	500
X 轴集电极电压	0.2 V/度
Y 轴集电极电流	1 mA/度
阶梯作用	重复
阶梯选择	0.02 mA/级
基极阶梯级/族	10 级
基极阶梯极性	正(＋)
Y 轴放大倍率	×1
级/s	200

然后逐渐调节峰值电压旋钮，即可得到被测管的输出特性曲线图 1.11 的(b)。从曲线上找出对应于 X 轴集电极电压 $U_{CE}=1\text{ V}$ 时的最上面一根 I_C 和 I_B 的值，由此求出直流电流放大系数 h_{FE} 的值，即

$$h_{FE} = I_C/I_B = 9.81/(10 \times 0.02) = 49$$

求交流电流放大系数 β 值，必须选取工作点，如图中选 Q 点，则

$$\beta = \frac{\Delta I_C}{\Delta I_B} \frac{(5.8-4.8)\times 1}{(6-5)\times 0.02} = 50$$

实际测量，应根据 β 值的大小，改变 Y 轴集电极电流或阶梯选择，以使曲线大小合适，方便读数。

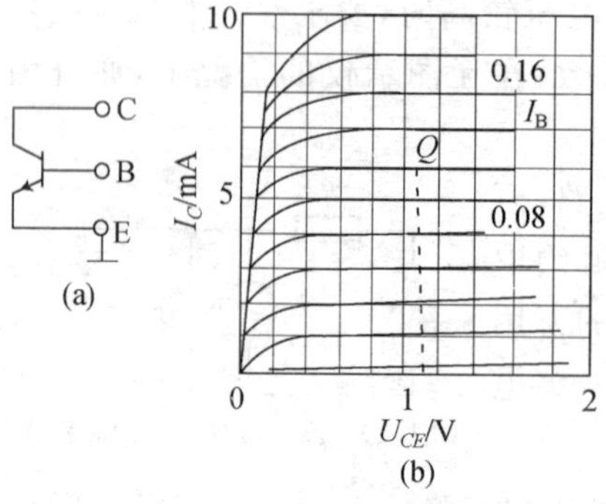

图 1.11 用晶体管图示仪测量三极管输出特性曲线

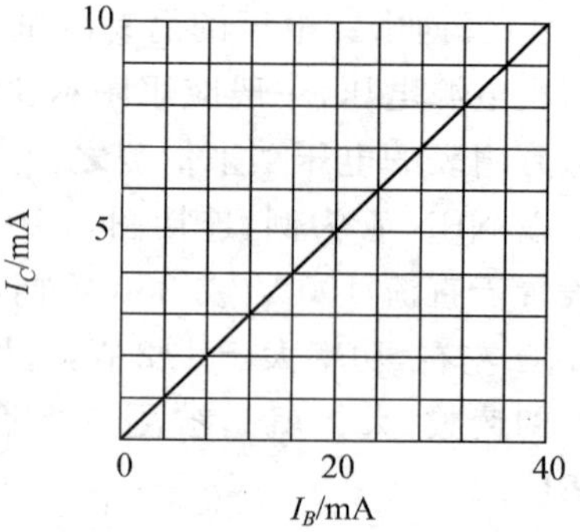

图 1.12 图示仪测量三极管基极电流和集电极电流关系

② 电流放大特性曲线的测量：电流放大特性曲线是指 I_C 与 I_B 的关系曲线，在上述基础上，只要将X轴作用开关置于“基极电流或基极源电压”，即可显示电流放大特性曲线，参图1.12。

从曲线和坐标方格最右边的交点，即可求出直流放大系数：

$$\bar{\beta} = \frac{I_C}{I_B}\bigg|_{U_{CE=1V}} = 49$$

同时可求出 Q 点附近的交流放大系数：

$$\beta = \frac{\Delta I_C}{\Delta I_B}\bigg|_{U_{CE=1V}} = 50$$

从电流放大特性曲线上还能很方便地判断三极管 β 曲线线性的好坏。

③ 输入特性曲线的测量：对于共发射极NPN管输入特性曲线的测量，三极管的接线和屏幕光标位置同上，图示仪旋钮置于如下位置。测试结果参见图1.13。

峰值电压范围	0～20 V
集电极扫描极性	正(+)
功耗限制电阻	500 Ω
X轴基极电压	0.1 V/度
Y轴作用	置于基极电流或基极电压
阶梯作用	重复
阶梯选择	0.01 mA/级
基极串联电阻	0
基极阶梯极性	正(+)

调节峰值电压，可得被测管的输入特性曲线，随着集电极电压的增大，曲线向右移动，但当集电极电压大于5V后，曲线基本不变，故一般选择集电极电压为5V作为测试条件。

从图1.13中可读出直流输入电阻：$R_{sr}=U_B/I_B$；交流输入电阻：$r_{sr}=\Delta U_B/\Delta I_B$。在测试输入特性曲线时，功耗电阻不能太大，否则将出现饱和现象，造成测量误差。

④ 饱和特性曲线和 U_{CES}、U_{BES} 的测量：以3DG6为例，其测试条件为 $I_C=10\,mA$，$I_B=1\,mA$，三极管的接法同上，图示仪各旋钮位置如下：

峰值电压范围	0～20 V
功耗电阻	500 Ω
集电极扫描极性	正(+)
X轴集电极电压	0.02 V/度
Y轴集电极电流	1 mA/度

Y 轴倍率	×1
阶梯作用	重复
阶梯选择	0.1 mA/度
基极阶梯极性	正(+)
级/s	200

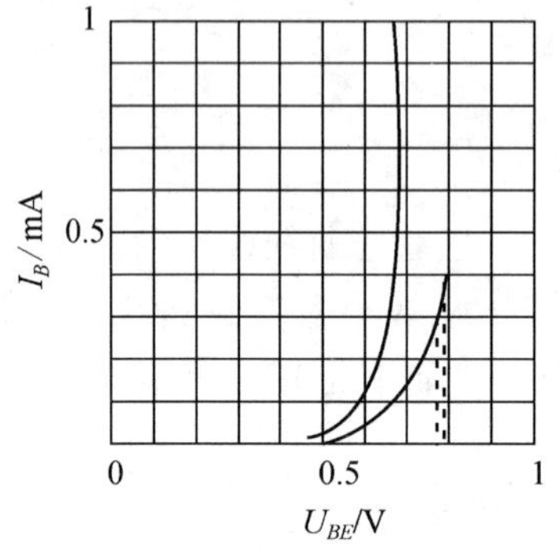

图 1.13 测三极管输入特性曲线

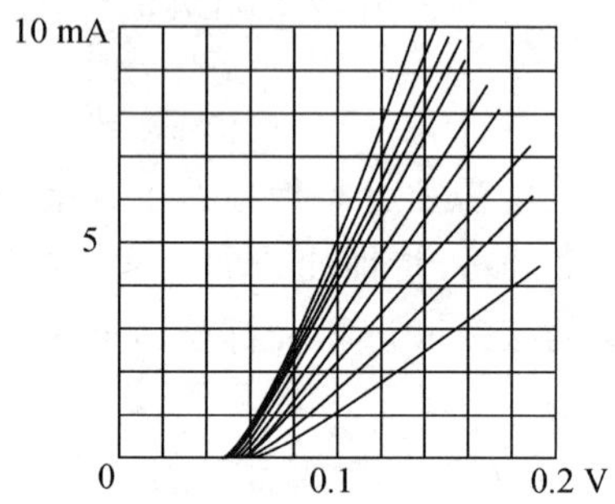

图 1.14 图示仪测量三极管的饱和特性

测试结果如图 1.14 所示。

调节峰值电压,并控制 I_C 不大于 10 mA,调节基极阶梯,使之为 10 级,则 $I_{B,\max}=0.1\,\text{mA}\times10=10\,\text{mA}$,即测得饱和特性曲线。第 10 级曲线与方格顶部($I_B=1\,\text{mA}$,$I_C=10\,\text{mA}$)的交点电压即为 U_{CES},从图 1.14 上,可以读出为0.16 V。

将 Y 轴作用开关转至"基极电流或基极源电压",X 轴作用开关置于基极电压 0.1 V/(°),即可得到输入特性曲线,由此可读出 U_{BES} 的数值。

⑤ 反向漏电流 I_{CEO} 和耐压 BU_{CEO} 的测量:以锗 PNP 管 3AG1E 为例,接入被测管,图示仪光标零点移至坐标的右上角,各旋钮的位置如下:

峰值电压范围:	0~20 V
集电极扫描极性:	负(−)
功耗电阻:	1 kΩ
X 轴集电极电压:	1 V/度
Y 轴集电极电流:	0.02 mA/度
Y 轴倍率:	×1

调节峰值电压旋钮,即可测得特性曲线图 1.15 所示。

要测量 BU_{CEO},三极管的连接和光标位置均同上。图示仪各旋钮位置如下:

峰值电压范围:	0~200 V
集电极扫描极性:	负(−)
功耗电阻:	10 kΩ

X 轴集电极电压： 5 V/度
Y 轴集电极电流： 0.05 mA/度
Y 轴倍率： ×1

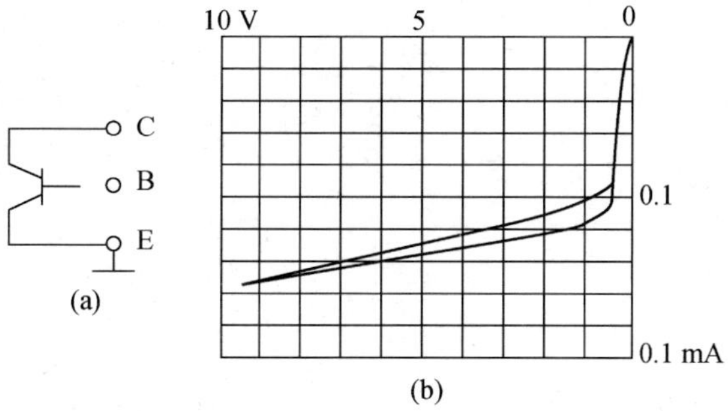

图 1.15 图示仪测量三极管反向漏电流

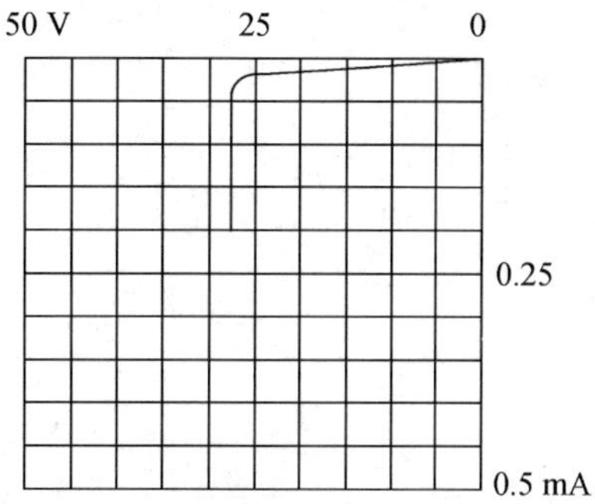

图 1.16 用晶体管图示仪测量三极管耐压特性

逐渐加大集电极电压，如图 1.16 所示，在 $I_C=0.2$ mA 时，从图上可读测 $BU_{CEO}=27$ V。

根据同样原理，还可测 BU_{EBO}、BU_{CBO} 等。实际测量时，应根据生产厂规定的测试条件或实际使用条件，选择各旋钮的位置。

1.4.4 场效应管

1. 场效应管的分类

场效应管(简称 FET)是一种电压控制的半导体器件。根据结构不同，场效应管可以分成结型场效应管(简写成 J-FET)和绝缘栅场效应管(也叫金属-氧化物-半导体绝缘场效应管，简称为 MOS 场效应管)；根据沟道(电流通道)采用的半导体材料不同，场效应管可以分为：N 型沟道和 P 型沟道两种。

下面介绍几种特殊的场效应管：

(1) 双栅场效应管。双栅场效应管常用于混频和自动增益控制。双栅场效应管有两个栅极，一个是主栅 G_1，另一个是辅栅 G_2，它们都可以控制漏极电流，其特性如图 1.17 所示。利用这一特性就可以实现混频(如图 1.18 所示)及自动增益控制。

(2) VMOS 场效应管。VMOS 场效应管或叫 TMOS 场效应管，意思是大功率 MOS 场效应管。它的主要特点是电流大、耐压高，V_{DS} 可达 1000 V，I_{DS} 可达几十安培，g_m 也很大。VMOS 场效应管属于电压控制型，主要用于功率部件，主要好处是不要大驱动电流，但是频率特性不高，可用来做稳压电源。P 沟道功率场效应管电流、电压不会太高，一般很难达到 10 A 以上。N 沟道场效应管电流大、耐压大，可达 20～30 A。

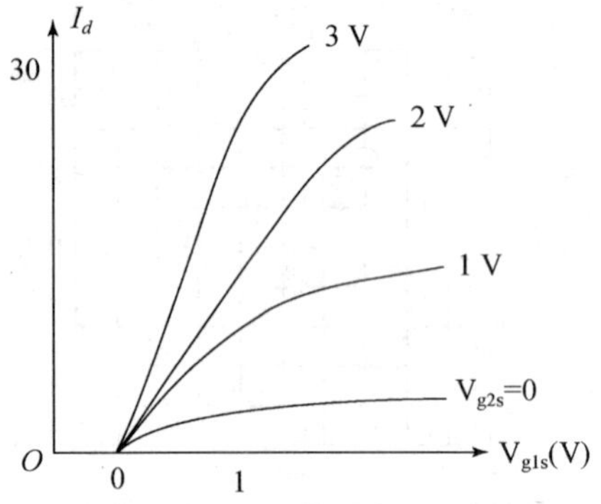

图 1.17 栅 1 源极电压与漏极电流特性曲线

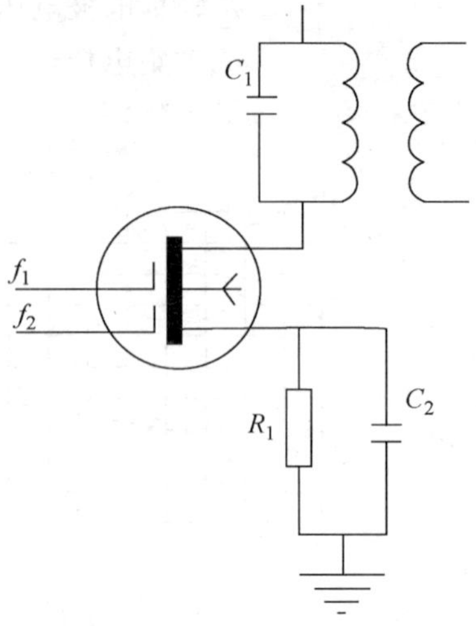

图 1.18 双栅极场效应管组成混频电路

2. 场效应管的主要参数

(1) 饱和源漏电流(I_{DSS})，零偏压(U_{GS})时的漏极电流。

(2) 夹断电压(U_P)，在源极接地的情况下，为使漏源电流输出为零时的栅源电压。

(3) 开启电压(U_T)，同上。增强型管的参数。

(4) 输入电阻(R_{GS})，栅-沟道在反向偏压下的电阻，结型管为 10^8 Ω，MOS 管为 10^{12} Ω 以上。

(5) 漏泄电流(I_{CSS})，栅-沟道结施加反向电压时的反向电流，结型管为纳安级，MOS 管为皮安级。

(6) 输出电阻(r_{DS})，漏极特性曲线斜率的导数，即

$$\frac{1}{r_{DS}} = \frac{\Delta I_D}{\Delta U_{DS}} \tag{1.21}$$

当场效应管正常工作时(在饱和区)，r_{DS} 甚大，结型管一般为几百 kΩ，MOS 管稍低些。

(7) 跨导(g_m)，场效应管是一种电压控制型器件，改变栅源间的电压即可改变漏源间的电流的大小。跨导表示栅极电压对漏极电流的控制能力，表达式为

$$g_m = \left.\frac{\Delta I_D}{\Delta U_{GS}}\right|_{\Delta U_{GS=0}} \tag{1.22}$$

(8) 噪声系数(N_F)，N_F 越小，表示管子性能越好。

(9) 杂散电容，杂散电容包括栅极电容(C_{GS})、漏极电容(C_{DS})、栅漏电容(C_{GD})这三个极间分布电容，它们直接影响电路的频率响应，它们越小，越有利

于器件频率特性的提高。

3. 场效应管的测量

利用图示仪对场效应管的测量与晶体三极管类似，仅对个别挡调整即可。主要是基极阶梯电流改成基极阶梯电压。

1.5 变 压 器

变压器在输配电中用来改变电压的等级，传输电能。在电子线路中则广泛用于传输，电路阻抗匹配等场合中。由于它是利用初次级线圈的互感来传递信号，彼此间是电隔离的。电子线路中使用的变压器根据其使用频率范围可分为：音频、中频、高频及脉冲变压器等类型，还有一类是大量使用的电源变压器。变压器通常由绕组线圈、骨架和铁芯三部分组成。

1.5.1 变压器的型号命名

1. 中频变压器的型号

(1) 晶体管调幅收音机的中频变压器型号由以下三部分组成：

第一部分(主称)用字母表示(T：中频变压器；L：线圈或振荡线圈；T：磁芯；F：调幅；S：短波)；第二部分(尺寸)用数字表示；第三部分(序号)用数字表示。

(2) 电视机中频变压器的型号由以下四部分组成：

第一部分底座尺寸("10"表示 10 mm×10 mm)；第二部分(主称)用字母表示名称、用途(T：中频变压器；L：线圈；V：图像回路；S：伴音回路)；第三部分(结构)用数字表示("2"为调磁帽式、"3"为调螺杆式)；第四部分(序号)用数字表示。

2. 低频变压器的型号

低频变压器的型号由以下三部分组成：

第一部分(主称)用字母表示。字母的含义见表 1.14；第二部分(功率)用数字表示，计量单位为 VA 或 W；第三部分(序号)用数字表示。

表 1.14　低频变压器主称字母含义表

字母	意义
DB	电源变压器
CB	音频输出变压器
RB	音频输入变压器
GB	高压变压器
HB	灯丝变压器
SB 或 ZB	音频(定阻式)输送变压器
SB 或 EB	间频(定压式或自耦式)输送变压器

1.5.2 变压器的分类

变压器的种类很多，按使用的工作频率可分成以下几类：高频变压器、中频变压器、低频变压器、脉冲变压器。高频变压器一般在收音机、接收机和电视机中做高频阻抗变换器，如收音机和接收机中的无线接收回路中，将天线上接收到的信号传送到高放级。在电路中使用高频变压器或中频变压器时，往往并接以适当的电容，使之构成具有一定选择性的电路。中频变压器在收音机和电视机中都有应用，它被用于中频放大器中；低频变压器的种类很多，如电源变压器、收音机中的输入输出变压器、级间变压器、耦合变压器等；脉冲变压器则使用于脉冲线路中。下面介绍几类常用变压器的构造和特性。

1. 中频变压器

中频变压器又称中周变压器，简称中周。适用于超外差式收音机和电视机中。中频变压器和适当容量的电容器配合，能从前级传来的信号中，选出某一种特定频带的信号传送给下一级。这就是中频变压器所特有的选频与耦合作用。常用的中频变压器有两种类型：一种类型是采用铝质外壳、塑料骨架、磁芯调感结构。调节磁芯便可以改变电感量，这类中周一般两只为一套：一只为输入，供第一级用；另一只为输出，供第二级用。这类中周在电视机和调频收音机中使用得比较多。另一类型是采用铜质或铝质外壳、尼龙衬架、线圈绕在“工”字或“王”字形磁芯上，调节顶端磁帽便可以改变中周的电感量。磁帽上涂有色漆，以示区分级别，这类中周通常用于普通调帽收音机中。

2. 音频变压器

应用在音频范围电路中的变压器统称音频变压器。它主要是传输音频信号和使前后级放大电路阻抗匹配。按其用途可分作级间变压器和输出变压器。

级间变压器使用在两级音频放大之间作为耦合元件，将前级信号传送到后一级，并作适当的阻抗变换。

输出变压器的作用是把音频放大器的输出功率作阻抗变换，传输给扬声器或其他负载，并阻止直流成分进入输出电路。

音频变压器在电路中用来不失真地传输音频信号。人耳能听到的声音频率范围是 20 Hz～20 kHz。一般收音机放音频率范围仅为 150 Hz～3.5 kHz，高级点的收音机放音范围扩展到 80 Hz～8 kHz。在这些范围内，要求音频变压器都能正常工作，不失真地传递信号。另外，输入变压器在电路中使推动级的输出阻抗与功率放大级的输入阻抗相适应，输出变压器使功率放大级的输出阻抗与扬声器的阻抗相适应，这就是所谓“阻抗匹配”。只有在阻抗匹配的情况下输出的音频功率才能达到最大，而且失真最小。

音频变压器通常是由铁芯、骨架和线圈绕组构成，有些音频变压器还在铁芯外面夹上一金属片作固定用。

3. 小型电源变压器

变压器的主要部件是铁芯、线圈、框架以及紧固件等。

(1) 铁芯，常见的的变压器铁芯有"E"型、"口"型、"C"型等。

"口"型铁芯由于其较易作成大的尺寸，故常用在功率较大的变压器中，常用的变压器功率为 500～1000 W 的，也有更大的。

"C"型铁芯具有漏磁小，易装配等优点。目前已得到广泛的应用。但由于制造工艺要求较高，不易作出大型铁芯，故一般用于不太高工艺的场合。

"E"型铁芯是在电子线路中使用最多的铁芯，它又称壳型或"日"字型铁芯。它的绕组初次级共用一个骨架，有较高的窗口占空系数 k_m(k_m 为铜线净截面与窗口面积比)；铁芯对绕组形成保护外壳，使绕组不易受机械创伤；另外铁芯散热表面积也较大；本身磁场发散较少。但它也有许多缺点，如初次级漏感较大。但由于装配上不可避免的气隙，初次级耦合不可能十分理想。

硅钢片的叠法有交叠法和对叠法两种。交叠法是将硅钢片的开口处交替地分置在两边。这种叠法比较麻烦，但由于铁芯的间隙小，漏磁小，初次级耦合较紧密，因此电源变压器都使用这种叠法。对叠法常用于通有直流电流的场合，为了避免直流电引起磁饱和，铁芯之间留有空隙。因此对叠法将"E"型铁芯的硅钢片放在一边，"I"字型的硅钢片放在另一边，它们之间的空隙，可由衬垫物调整。

(2) 线圈框，线圈框常用胶纸板、胶木化纤维板制作，有时也可用绝缘塑料压制而成。

(3) 绕组，小功率电源变压器的绕组一般都有漆包线绕制，因为它具有较好的绝缘，易绕制。对于低压大电流的线圈，应用纱包或丝包粗铜线绕制。

(4) 铁芯的固定方式，变压器线圈插入铁芯以后，必须将铁芯夹紧。小型变压器可用薄铁板 U 形外框压紧。对于较大的变压器，常用的方法是用板条夹上，再用螺钉插入硅钢片上预先冲好的孔之中，然后将螺帽拧紧。另外，螺钉插入铁芯的那一段最好加上绝缘套管，以免螺丝将硅钢片短路，形成较大的涡流。用夹板条夹紧的变压器，由于硅钢片四角必须冲孔，因而减小了铁芯的有效面积。

(5) 电源变压器的简单设计，计算电源变压器时，首先要按照实际需要算出变压器次级的输出功率，然后乘以 120%～130%，就能得到小型变压器的额定功率。根据额定功率的大小，从表 1.15 中即可查出所需铁芯的截面积 S（即铁芯舌宽上铁芯叠厚)和线圈组的每伏圈数 N_0。

表 1.15 变压器额定功率与铁芯截面积及圈数关系表

功率 P/W	铁芯截面积 S/cm^2	每伏圈数 N_0
5	2.9	19.6
10	4.11	13.8
15	4.9	12.0
20	5.0	9.7
25	5.8	9.0
30	6.5	8.0
40	7.1	7.0
50	8.2	6.0
60	9.2	5.75
70	10	5.15

1.6 集成电路

集成电路是继电子管、晶体管之后发展起来的又一类电子器件。它是用半导体工艺或薄、厚膜工艺(或这些工艺的结合),将晶体管、电阻及电容器等元器件,按电路的要求,共同制作在一块硅或绝缘基体上,然后封装而成。这种在结构上形成紧密联系的整体电路,称为集成电路,集成电路常用代号 IC 表示。

1.6.1 集成电路的型号命名

集成电路的命名方法按国家标准规定,每个型号由下列五个部分组成:

第一部分(表示符合国家标准),用字母 C 表示。

第二部分(表示电路的分类),用字母表示,具体含义见表 1.16。

第三部分(表示品种代号),用数字或字母表示,与国际上的品种保持一致。

第四部分(表示工作温度范围),用字母表示,具体含义见表 1.17。

第五部分(表示封装形式),用字母表示,具体含义见表 1.18。

表 1.16 用字母表示电路分类的具体含义表

字母	表示的意义
AD	模拟数字转换器
B	非线性电路(模拟开关;模拟乘、除法器;时基电路;锁相器;取样保持电路等)
C	CMOS 电路
D	音响电路(收录机电路;录像机电路;电视机电路)
DA	数字模拟转换器
E	ECL 电路

续表

字母	表示的意义
F	运算放大器;线性放大器
H	HTL 电路
J	接口电路(电压比较器、电平转换器;线电路;外围驱动器)
M	存储器
S	特殊电路(机电仪表电路;传感器;通信电路;消费类电路)
T	TTL 电路
W	稳太器
μ	微型计算机电路

表 1.17 用字母表示工作温度范围表

字母	工作温度范围/℃	字母	工作温度范围/℃
C	0～70	R	−55～85
E	−40～85	M	−55～125

表 1.18 用字母表示封装形式表

字母	封装形式	字母	封装形式
D	多层陶瓷,双列直插	K	金属,菱形
F	多层陶瓷,扁平	P	塑料,双列直插
H	黑瓷低熔玻璃,扁平	T	金属,圆形
J	黑瓷低熔玻璃,双列直插	B	塑料,扁平

在实际应用中,除了国家标准规定的型号外,还常用以下方式表示集成电路的型号:

(1) 工厂产品代号,以数字或字母表示(同国外标法一致);

(2) 产品品种代号,以数字或字母表示,与国际上的品种表示一致。

这类产品的电特性基本上与国外同类品种代号的产品相一致,可以相互代换使用,只是质量一致性试验的要求略低于国外同类型号的集成电路。

另外,有些符号是出品公司的简称,需要与表示命名的字母相区分,例如CA——美国无线电公司(BCA),LM——美国国家半导体公司,MC——美国摩托罗拉公司(MOTA),AD——美国模拟器件公司等。

1.6.2 集成电路的分类

集成电路的分类方法很多,可从以下几个方面来划分:

1. 按集成度分类

按集成度(单位面积内所包含的元件数)可分为小规模集成电路(指集成度

少于100个元件或少于10个门电路的集成电路)；中规模集成电路(指集成度在100～1000个元件或在10～100个门电路之间的集成电路)；大规模集成电路(指集成度在1000个元件或100个门电路以上的集成电路)，以及超大规模集成电路(指集成度在10万个元件或1万个门电路以上的集成电路)。

2. 按制作工艺分类

按制作工艺可分为半导体集成电路和膜、混合集成电路两类。半导体集成电路包括双极型电路和MOS电路(NMOS、PMOS、CMOS)。双极型集成电路是指内部有电子和空穴两种载流子参与导电，而MOS电路则只有电子(NMOS)或空穴(PMOS)一种载流子参与导电。CMOS电路则是将NMOS电路与PMOS电路串联使用连接成互补形式组成的集成电路。膜、混合集成电路包括薄膜集成电路、厚膜集成电路及混合集成电路。

3. 按使用功能分类

按使用功能可分为特殊集成电路(如传感器、通信电路、机电仪表电路、消费类电路)；接口集成电路(如电压比较器、电平转换器、线路驱动接收器、外围驱动器)；模拟集成电路(如运算放大器、稳压器、音响电视电路、非线性电路)；数字集成电路(如微机电路、存储器、CMOS电路、ECL电路、HTL电路、TTL电路、DTL电路)等。

4. 按封装外形分类

按集成电路的封装外形可分为直立扁平封装型、扁平型、圆型及双列直插型。其封装材料可用塑料、陶瓷、低熔玻璃等。

1.6.3 集成电路的一些测试

1. 运算放大器参数的简易测量

由于集成运算放大器的内部结构比较复杂，管脚数目又多，因此很难用简单的方法判断其性能好坏。在业余条件下，比较实用而又稳妥的方法，是安装在实际电路(电路本身无故障)中试之。若条件不具备而又需要了解其性能好坏时，可采用简易测试方法。

(1) 输入失调电压U_{os}的测量

根据U_{os}的定义，如果放大器电路中有调零电位器，应该将其短路。测试电路参见图1.19和图1.20。保证两个输入电路的电阻相等(即$R_1=R_3$，$R_2=R_4$)。R_1、R_2、R_3、R_4精度根据测试精度要求定出。

$$U_{os}=U_0\cdot R_1/R_2 \tag{1.23}$$

其中U_0为输入电压为0的时候的输出电压值。

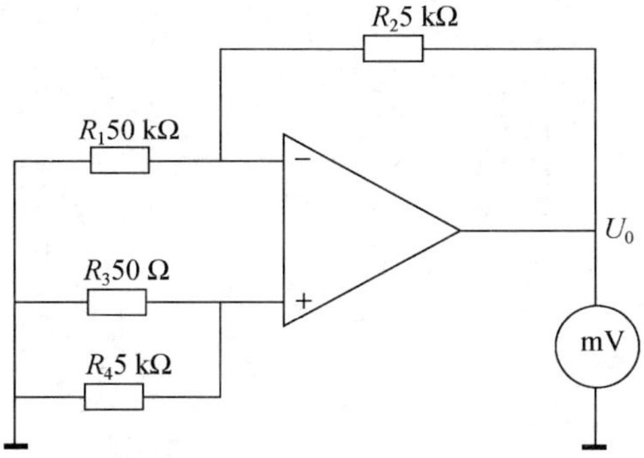

图 1.19 测量运放输入失调电压的电路

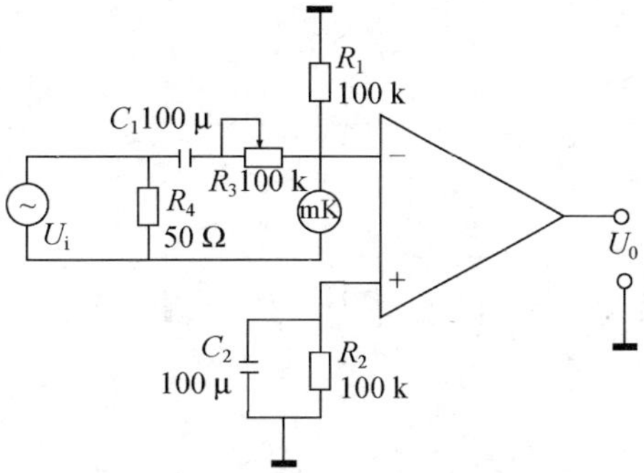

图 1.20 测量运放输入电阻 R_i 的电路

(2) 输入电阻 R_i

测试电路参见图 1.20 所示。测量的时候，先将 R_3 短路，送入信号，比如 1000 Hz 的正弦波，记录电压表读数 U_i。慢慢增大 R_3，使电压表的读数为 $U_i/2$，则对应的 R_3 的阻值就等于 R_i 与 R_1 的并联值。R_1 已知，R_3 可以测得，可以计算得到 R_i。

2. 电源端和接地端的识别

(1) 电源和地的判断。国产 TTL“与非”门电源端和接地端的位置有两种：一种为左上角第一脚为电源端，右下角最边上的管脚为接地端；另一种为上边及下边中间一脚各为电源正、负端或接地端。参见图 1.21。当拿到集成门电路时，应先查手册确定管脚位置。

对于这种器件，采用万用表测试 1 k 挡，用万用表高电位端(模拟表一般为黑表笔，数字表很多是红表笔)接器件电源端，另一端接地的时候测得电阻为十几千欧姆。表笔反过来测试是几千欧姆。

如果没有手册，初步判断后，可以按上面的阻值断定。尤其对于一些没有标注的器件，或者没有标注很好的器件可以借助测试其电阻，然后和已知的同类器件比较来判定它的脚。

(2) 输入和输出端的识别。因国产 TTL“与非”门输入短路电流值不大于 2.2 mA，输出低电平不大于 0.35 V。据此便可识别出它的输入端和输出端。将“与非”门的电源端接+5 V 电压，接地端按要求接地。然后依次测量各管脚与地之间的短路电流(电路参见图 1.22)，若其值在 1～2.5 mA 之间，则说明该脚为其输入端；否则便是输出端。一般说来，一个组件内部包含有 3～4 个“与非”门，所以其输出端也有 3～4 个。另外，当“与非”门的输入端悬空时，相当于高电平(CMOS 芯片的输入端不允许悬浮)，此时其输出端应为低电平 0.2～0.4 V。根据这一点可进一步判断输出端。

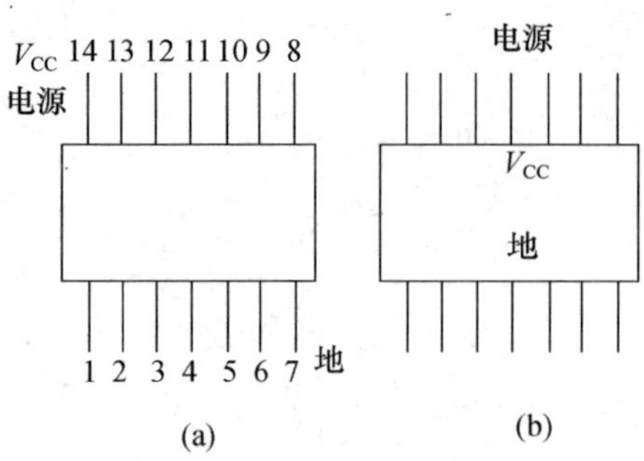

图 1.21　TTL 门电源和地的判断

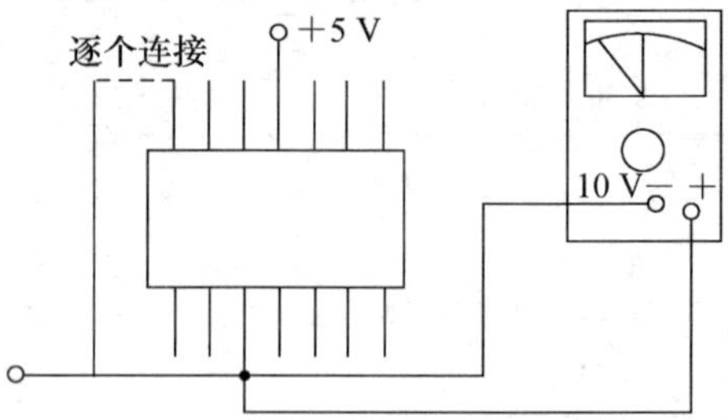

图 1.22　TTL 门输入和输出的识别

1.7　常用电子元器件封装

1.7.1　通孔安装技术封装

通孔安装技术(Through Hole Technology,THT),是在印刷电路板(Printing Circuit Board,PCB)上最早出现并且现在仍在广泛使用的安装技术。顾名思义,它最主要的特点就是元器件都有引线,需要将引线穿过 PCB 进行安装焊接。

1. 轴向引线元器件

常用电阻和二极管一般属于轴向引线元器件,在常用的 PCB 绘制软件 PROTEL 中它们的封装名称分别为 AXIAL＊.＊和 DIODE＊.＊,这里的＊.＊表示在 PCB 上元器件的引脚间距,单位为 1 英寸,即 25.4 毫米。二者之间的差别在于电阻无极性,而二极管是有极性的,如图 1.23 所示。

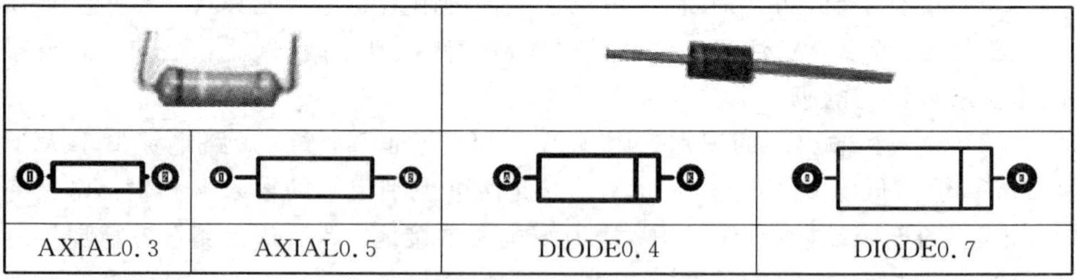

图 1.23　THT 电阻、二极管外观和封装

2. 非轴向引线元器件

电容的封装通常属于非轴向引线元器件,如图 1.24 所示。其中 RAD＊.＊主要适用于一些无极性电容的封装,其他一些外形相近的两引脚元件也适用于这类封装。RB.＊/.＊一般适用于普通的圆柱状铝电解电容,“/”前后的两个参

数分别表示引脚间距和元件的外径。

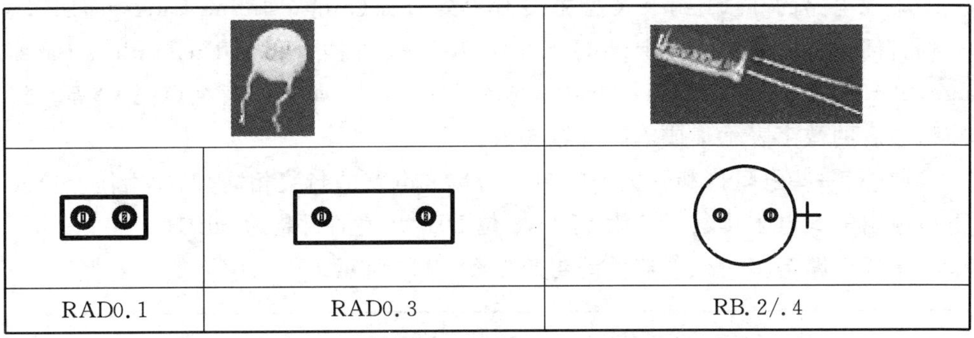

图 1.24　THT 电容的外观和封装

3. 晶体三极管的封装

三极管的封装形式如图 1.25 所示(所有封装图形都为顶视图)。TO-92 适用于塑封中小功率三极管。TO-5 适用于金属顶帽封装中功率三极管。TO-220 和 TO-126 适用于带或不带小型散热片的塑封大功率三极管,它们的引脚间距相同,区别在于前者为卧式,可以借助于 PCB 上的大面积铜箔来散热,后者为立式,要想散热良好必须外加散热片。TO-3 则适用于金属封装大功率三极管,这类三极管在使用的时候一般要外加散热片以保证良好散热。

需要说明的是,一些其他的三引脚半导体器件和集成电路如可控硅、晶闸管、基准源、三端稳压器等与三极管外形相同,也同样适用于图 1.25 中的封装。

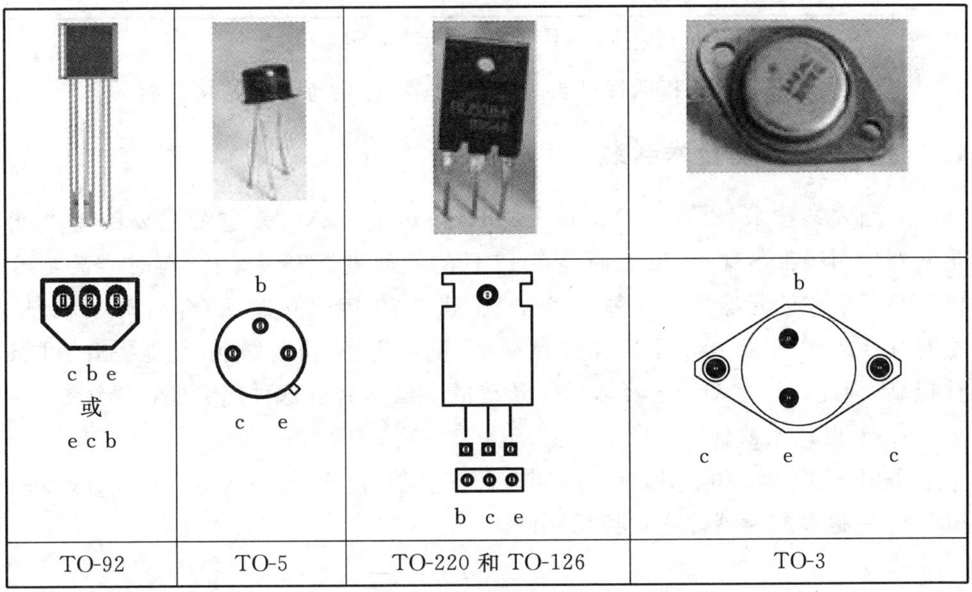

图 1.25　THT 三极管的外观和封装

4. 多引线元器件的封装

集成电路的 THT 封装类型主要有单列直插(Single Inline Package,SIP)、双列直插(Dual Inline Package,DIP)、小型双列直插(Small Dual Inline Package,SDIP)、直插栅阵列(Pin Grid Array,PGA)和金属顶帽直插(CAN)等。封装型号后的数字表示集成电路总管脚数。

此外,一些电阻排和开关列的封装与集成电路的封装相同,例如用作上拉或下拉电阻的 8 电阻排其封装为 SIP9,8 位 DIP 开关的封装为 DIP16。

集成电路等多引线元器件的封装见图 1.26 所示。

	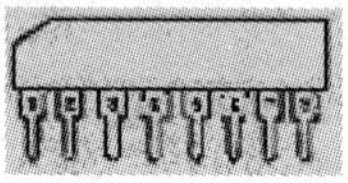	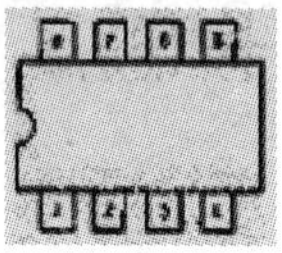	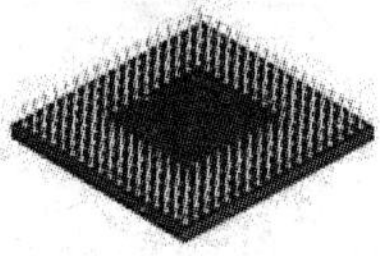
 从突起开始逆时针数 1 2…8	 1 2…………7 8	8 7 6 5 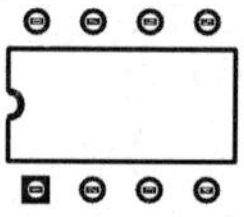 1 2 3 4	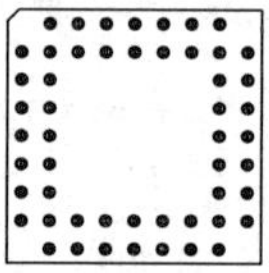
CAN8	SIP8	DIP8	PGA52X9

图 1.26　THT 集成电路的外观和封装

电感、变压器、开关和插接件类型种类繁多,封装与具体的接口有关。

1.7.2　表面安装技术封装

表面安装技术(Surface Mounting Technology,SMT),它最主要的特点就是元器件引线都不穿过 PCB,而是在 PCB 的表面进行安装焊接,有时候甚至可以说是无引线的元器件。这种技术在 20 世纪 70 年代问世,80 年代开始成熟。相对 THT,SMT 使得电子产品体积缩小、重量变轻、功能增强、性能提升、可靠性提高,因此在很多领域已经取代了传统的 THT,并且这种趋势还在继续。

1. 无引线元器件

采用 SMT 封装的元器件一般叫表面安装器件(Surface Mounting Devices,SMD),又称表贴元器件或片状元器件。

片状电阻、电容、电感、磁珠、二极管等一般为无引线的长方体形状，封装命名一般为 4 位数字，前两位表示元器件的长度，后两位表示元器件的宽度，不过是采用英制或公制方面还不统一。例如公制型号 2012，用表示元器件的长为 2.0 毫米，宽为 1.25 毫米，对应的英制型号为 0805，即长为 80 mil(1 mil＝0.001 英寸＝0.0254 毫米)，宽为 50 mil。在 PROTEL 中 0805、1206、1812 等型号为英制，而常用于贴片钽电容的封装 6032 等型号却是公制。图 1.27 中，上面为元器件封装外型，对应下图为 PCB 板的焊盘。

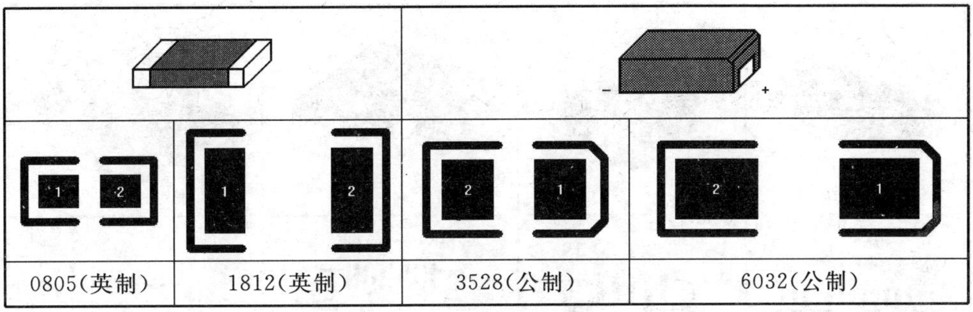

图 1.27 片状电阻、电容的外观和封装

2. 三极管的封装

表贴三极管的封装主要有 SOT(Small Outline Transistor)型和 TO(Transistor Outline)型，如图 1.28 所示。

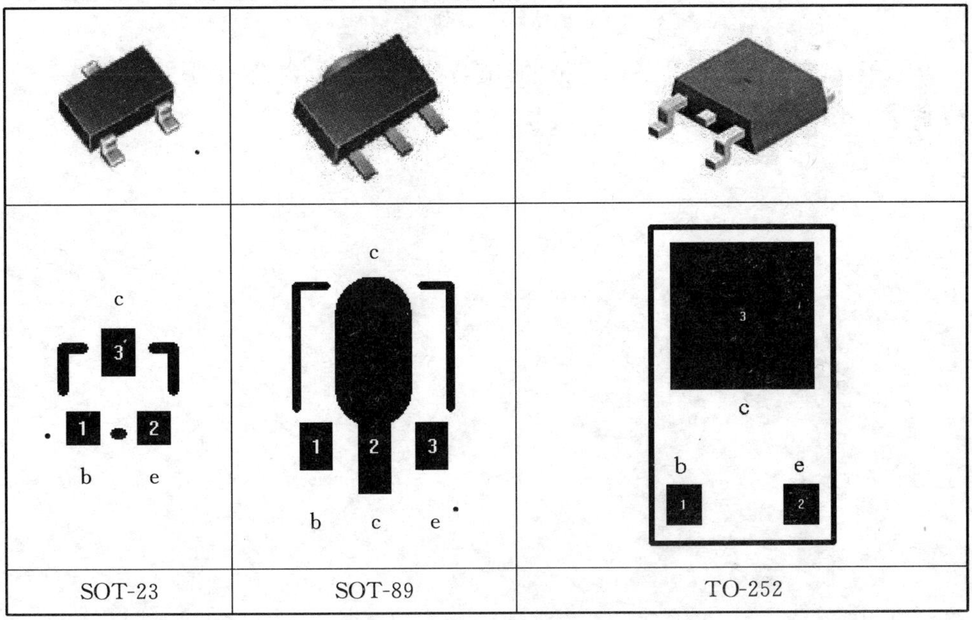

图 1.28 表贴三极管的外观和封装

与三极管的 THT 封装一样，一些其他的三引脚半导体器件和集成电路如可控硅、晶闸管、基准源、三端稳压器等的表贴封装，也同样适用于图 1.28 中的封装。

3. 多引脚器件的封装

SMD 集成电路常用封装有 SOP(Small Outline Package)、SOJ(Small Outline, J bend)、LCC(Leadless Chip Carrier)、QFP (Quad Flat Package)、QFN (Quad Flat pack No lead)和 BGA(Ball Grid Array)等(见图 1.29)。

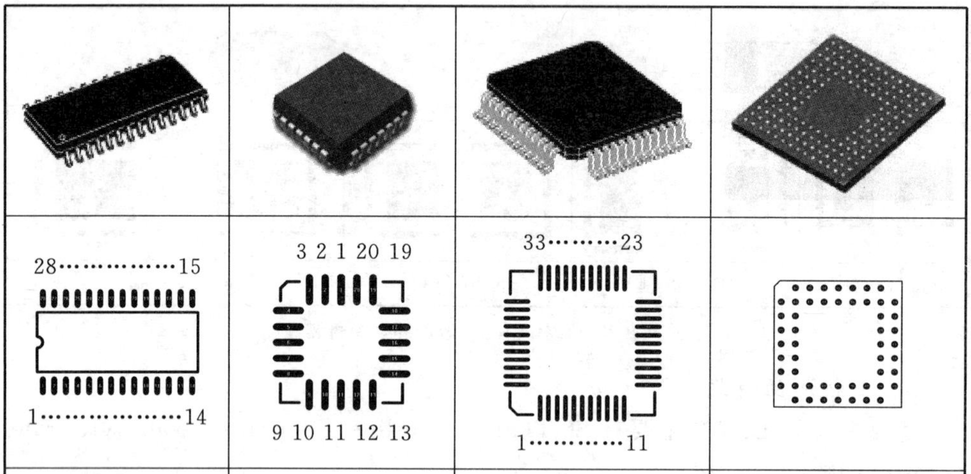

SOP28	LCC20	QFP44	BGA52X9

图 1.29 表贴集成电路的外观和封装

电子元器件的封装是多种多样的，随着技术的进步，封装的形式和元器件的功能都在不断的变化和发展。

第二章　电子设备安装工艺

所有的电子设备都是由一些基本的结构体和电子元器件组成。用一定的方法把各种电子元器件安装在结构体上，然后将它们按照设计规定的方法相互连接起来，就制成了一台电子设备。这个过程就是装配或安装。安装过程可以分成若干工序，各个工序都要求有精湛的技艺才能保证质量。新手应多动手实践，多向有经验的人员学习，多看优良电子设备的结构工艺，并进行分析对比，认真总结经验教训以提高自身的工艺技术。

2.1　电子设备的电气连接和安装作业

2.1.1　电子设备的电气连接

电子设备中的电气连接一般有导线连接、接插连接和电路板布线连接。

1. 导线连接

在用导线连接时，除了要考虑电路工作频率的高低、电压和电流的大小、电路工作温度和湿度、冲击振动、拉力等条件，还要考虑外来的电磁感应和串扰等问题。选择导线时要考虑线材、绝缘材料的性能，以及是否对静电和电磁场的屏蔽。具体选用时可参照厂家的数据手册。

导线连接的例子参见图 2.1 和图 2.2。

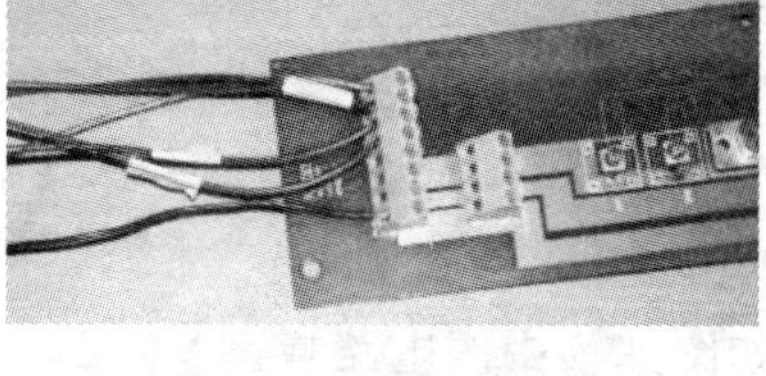

图 2.1　电源导线连接

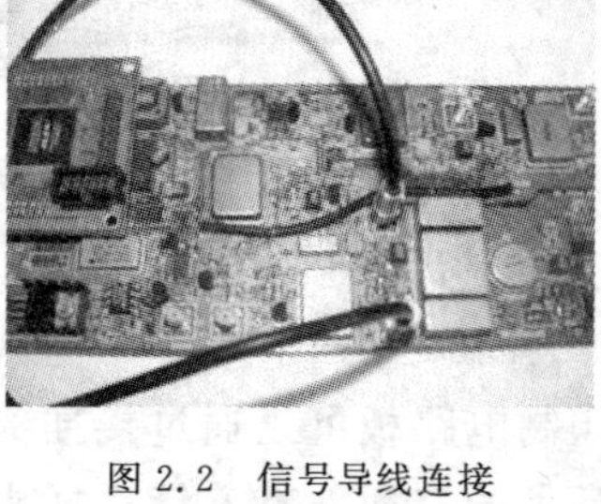

图 2.2　信号导线连接

导线通常连接在电气零件的端子上。端子的材料主要是黄铜，如果需要有弹性，可以采用铍青铜或磷青铜。端子表面可以采用镀层工艺，如表面镀金、银，以增强在高频率下的工作性能，或镀焊锡处理以利于焊接。在导线连接中端子如可能最好采用套管，如图 2.3 所示。

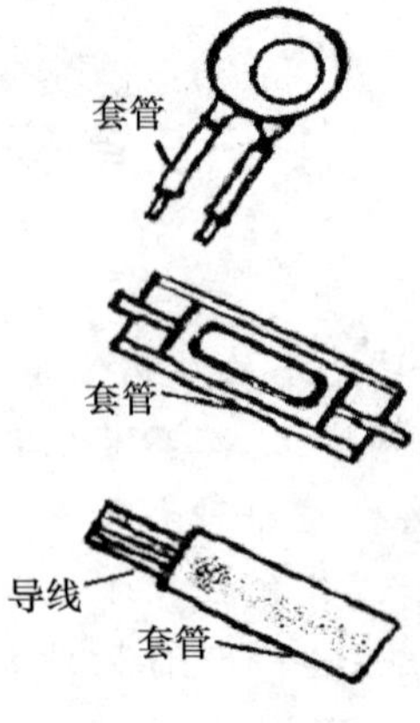

图 2.3　套管的使用

元器件引脚是一类特殊的端子。这类元器件常在印刷板上进行插装，例如电阻、电容、晶体管和集成电路芯片，如图 2.4 所示。引脚的引线形状以圆形、带形和矩形居多。材料多为铜或其合金、表面镀锡、镀银或镀金。

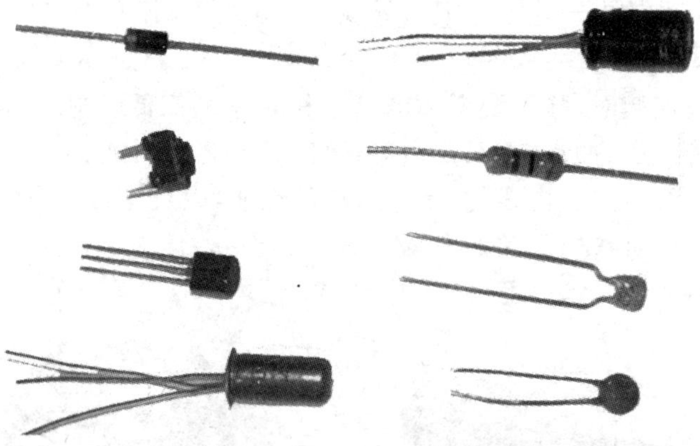

图 2.4　元件引线的例子

2. 接插连接

印制电路板可以通过接插部分互连，例如图 2.5 中的电路板。

常见的接插件有簧针式插头与插座和针孔式插头与插座，分别见图 2.6 和图 2.7。

图 2.5　可以进行接插连接的例子

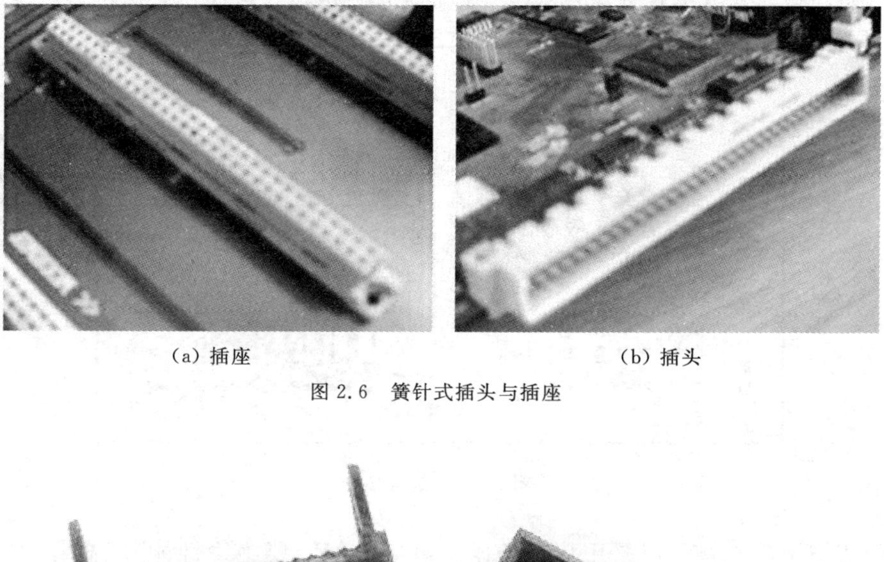

(a) 插座　　　　(b) 插头

图 2.6　簧针式插头与插座

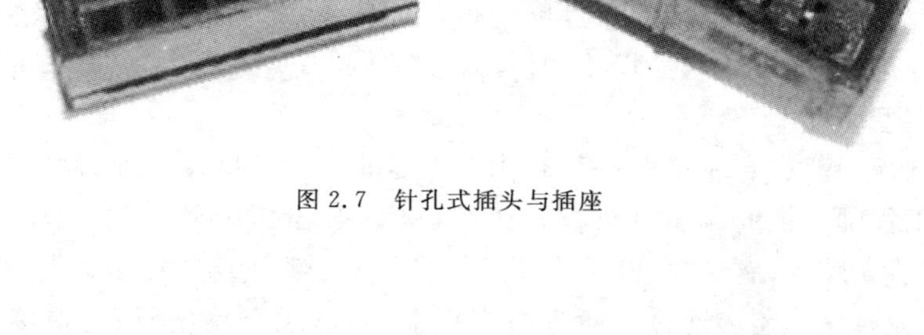

图 2.7　针孔式插头与插座

3. 电路板布线连接

现代电子工程布线中印制板电路占主要地位。在各种电子产品中几乎都可看到印制电路板，如计算机的主板和显示卡、网卡等都是印制板电路，如图 2.8 所示。器件的小型化，轻巧化，集成电路化确立了印刷电路板的地位。印制电路板孔技术和多层技术使电路的密集度可以大大增加，并使电路电气性能改良。印制电路板的特点可列举如下：

(1) 可以提高产品的一致性和合格率，布线统一规整。

(2) 易于批量生产和便于自动化，表面贴装技术和波峰焊技术可以用在印制板上，印制板的布线更便于使用计算机辅助设计，包括电气仿真。

(3) 可以减少装配的时间和检查的时间，板上连线都预做了元件称标，可以避免错误布线或安错元件。

(4) 便于小型化和轻量化，便于设计标准化和设备组件化。

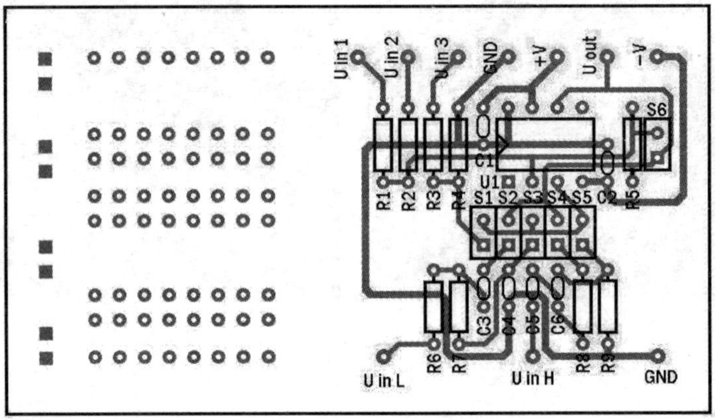

图 2.8 印制电路板

印制板的板材可以采用化工合成。电气性能上要绝缘性能好(高频电路对印制板材介电常数有要求)，机械性能上要有一定的厚度、强度要求，化学性能稳定。不同板材的性能价格比不同，可以根据使用要求选择。不同类别的敷铜板的铜箔的抗剥强度不同，反复加热也可使铜皮易于剥落，所以调试时应尽量避免反复拆卸。对于调试板可以通过增大焊盘面积来增强焊盘边铜皮的抗剥强度，但过大片的铜皮散热快，给焊接和拆卸操作带来不便。调试通过后，可以改正式板进行定型生产。

印制板一般在专业工厂进行制作。主要涉及到的操作如下，加工敷铜板，根据电子工程师提供的印制电路板布线图(例如 Protel 软件系列中的 *.PCB 文件)制作感光胶片；腐蚀铜皮，只保留代表导线的部分及用作屏蔽体的部分；打孔，对于金属化孔还要通过电镀方法沉积金属，形成金属化通孔；焊接孔涂敷助焊剂，其他部分镀上有阻焊和绝缘作用的覆盖层；在元件面印制标识元件的字符。

国际互联网络有关于 PCB 设计和制作技术的论坛和文献，可通过网络搜索引擎搜索有关资料。

2.1.2　电子设备的安装作业

1. 电路板元器件安装作业

元器件的良好安装对于印制电路板的电气功能意义重大，通常使用焊接或插接工艺将元器件安装在电路板上。

电阻电容等插装在印制板焊盘的元器件需要做弯曲成形处理。成形的目的既可以方便安装，同时可防止管脚热胀冷缩应力损坏器件，图 2.9 是成形不适当的例子。引脚成形一般在元器件根部 1.5 mm 距离以上，正确的成形方法可参见图 2.10。元件安装孔的跨距不合适时的成形例子参见图 2.11。当安装孔跨距过小时，还可采用垂直安装，见图 2.12。

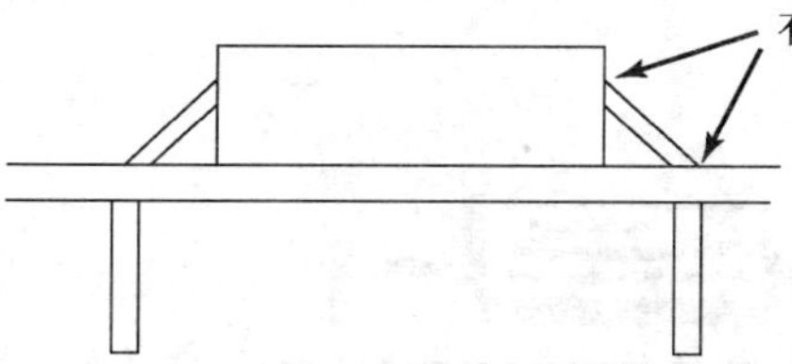

图 2.9　不适当成形引起引力破坏

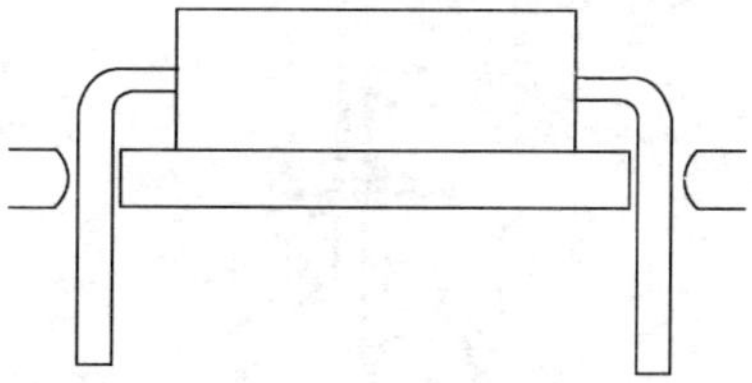

图 2.10　引线的基本成形方法

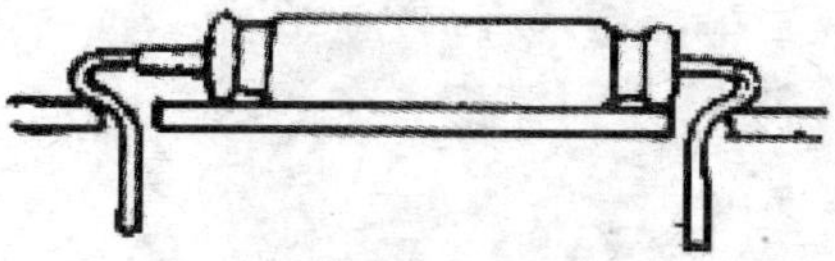

图 2.11　焊孔跨距不合适时的成形方法

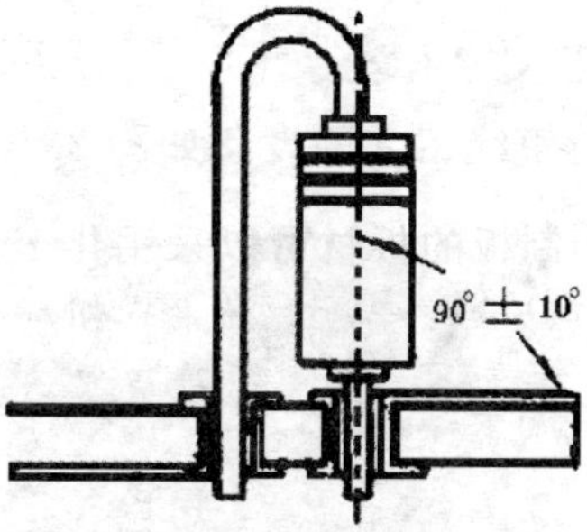

图 2.12　垂直安装

安装时要注意让器件的标称文字易于观察，以方便保养和检查。对于较重的元件可以采用支架固定连接，如图 2.13 所示。

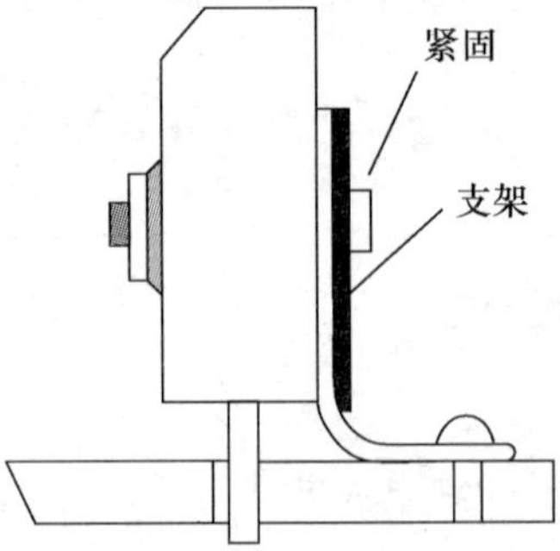

图 2.13　支架固定安装

一般的零件应该紧密地装在电路板上，紧密容限一般在 0.5 mm 以下。当元件有金属外壳时，可能需要在零件下面垫上绝缘材料，防止板上印制电路短路。要求浮装的零件不可以贴着板子表面安装。发热量大的零件如 1 W 以上的电阻、功率管等不能贴在板子表面，以防止散热不良，如图 2.14 所示。

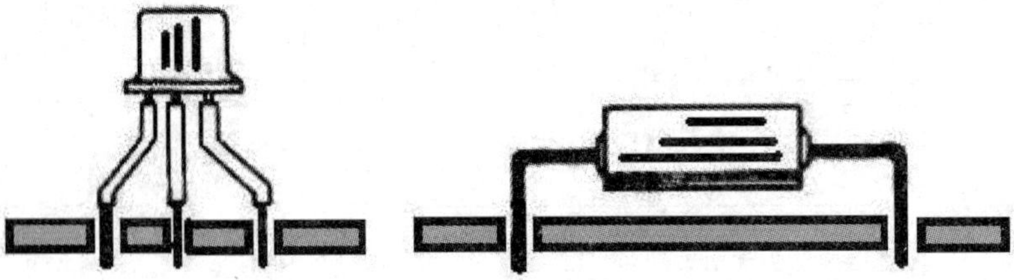

图 2.14　悬空浮起安装

2. 束线作业

有束线工艺的设备如图 2.15 所示。

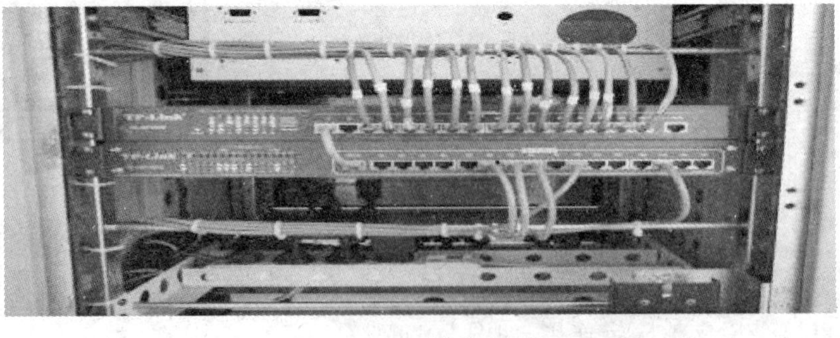

图 2.15　采用束线的机箱

束线作业取代分散的布线,可以使布线准确可靠、操作方便、维修方便、连接工作规整简化。束线图的设计需要考虑电气性能、电磁互扰问题,保证可以实现电子设备的功能。对可动部件等要留够线的余量。对于不同信号采用不同的线材和颜色。束线过程是在束线台上完成。束线时先用束线钉来约束束线的走向,用挂线钉来固定线的末端,将线布设在板子上,进行结扎。扎完后可以将线整理形状,然后就可以安置到设备中去了。

3. 螺钉紧固作业

在装配中,机械零件和电气元件在结构件上的安装,大部分要使用螺钉和螺母来完成连接。螺钉可根据螺纹牙形分为公制和英制等。国际标准化组织(International Organization for Standardization,ISO)对螺纹有系列规定。垫圈可以在紧固部件和螺钉或螺母之间,可以防止螺钉松动。紧固工具可以采用改锥或扳手。用螺母和垫圈紧固的例子参见图 2.16。

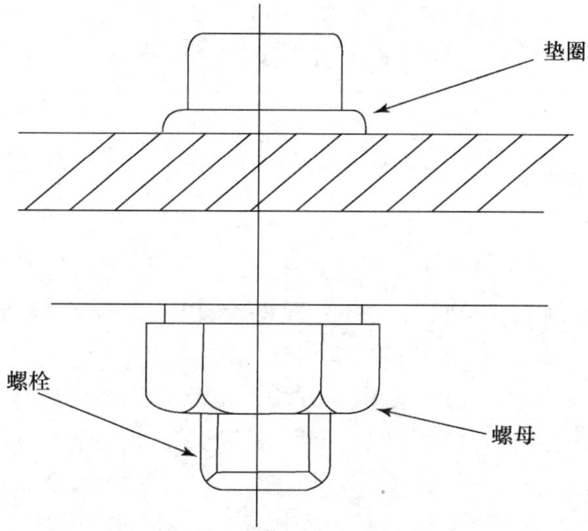

图 2.16 用螺母和垫圈紧固的例子

4. 粘接作业

将粘接剂涂敷在两个物体的表面,并使两者牢固粘连在一起的过程,称为粘接。粘接机理和锡焊的机理极相似,因此有很多共同点。选粘接剂时要考虑粘接表面的状态和材质、粘接力限度、使用温度范围、对气候的适应、耐化学性能、电气性能和表面光洁程度。粘接的例子参见图 2.17。

粘接时要将粘接面处理干净,在金属表面做化学处理,为粘接做准备,然后要按规定的用量涂敷粘接剂,然后再进行室温固化或加热、加压固化。有些粘接剂有毒或者粘接剂可将人体粘接,在进行粘接作业时要注意安全。

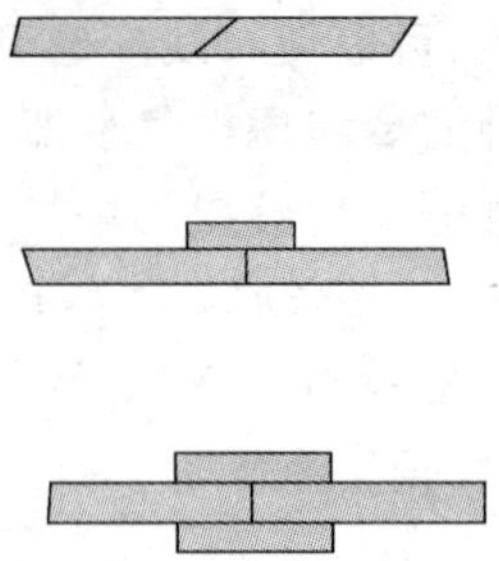

图 2.17 粘接的例子

5. 铆接作业

铆接作业是将柱形端子和铆钉铆在印制板上，把针形端子装在端子板上，或把板金零件相互铆接在一起的作业。图 2.18 是典型的铆头形状。

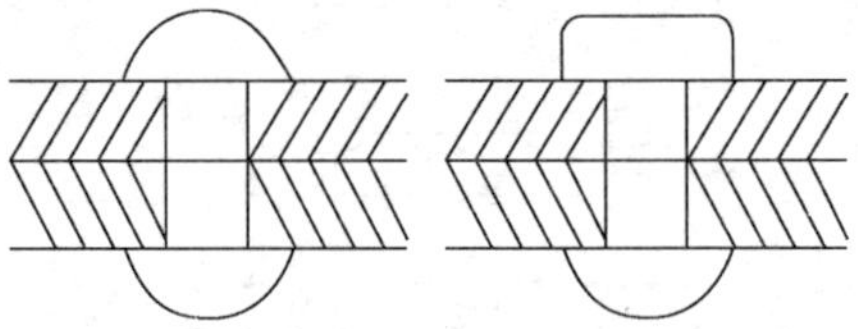

图 2.18 标准的铆接头形状

6. 标记作业

标记作业是在电子设备的各个部分做标记，如标出装置名称、生产年月、电路符号、帮助记忆的和区分信号的各种标识、操作注意事项、安装提示、使用提示等。标记有利于提高工作效率和减少错误。

常用的方法有标签、盖印、印刷等方法。电路板上的丝网印标记了元件的标号和值。标记的位置和方向要有统一性，便于识读和操作。标记要不易磨灭和剥离，美观大方。

在电子设备安装中常遇到的其他操作还有钻孔、锯割、锉刀打磨等。良好的工艺是电子设备质量保障体系的基本部分。可以根据实际情况，充分利用这些手段。勤于动手动脑，不难触类旁通。

2.2 焊接技术

2.2.1 焊接材料与焊接机理

1. 焊料

焊料是易熔金属，熔点低于被焊件。在焊接时，焊料融化后，能够与被焊接的金属形成合金而起到连接作用。焊料按成分可以分为锡铅焊料、银焊料、铜焊料等，一般锡铅焊料最常用，采用锡铅焊料的焊接被称为锡焊。

锡(Sn)是一种低熔点(低于 270℃)的金属，质软，脆，其机械性能强度差，高于 13.2℃时呈银白色，低于 13.2℃是灰色，低于 −40℃变成粉末。锡不容易被氧化，容易和多种金属形成金属化合物。铅(Pb)是一种浅青白色金属，质软、熔点 327℃、塑性好、机械强度性能很差，但有较强的抗氧化性和抗腐蚀性。铅有毒。铅锡按一定比例形成合金铅锡焊料，具有以下的特性：

(1) 熔点低。铅锡合金的熔点可低于铅和锡，在 200～300℃。纯的铅和锡的共晶合金(61.9%的铅和 38.1%的锡)可以在单一温度熔化，即只有液态和固态，在电子装配中获得了广泛的应用。由于熔点低，焊接时可防止器件受热损坏；熔点和凝固点一致，又可以快速凝固，没有半融态带来的结晶疏松和焊接强度降低问题，由于自动焊接中存在振动，所以这对自动焊接有更重要的意义。

(2) 机械强度高。合金的抗张力和折断力都优于铅和锡。电阻率介于铅、锡中间。

(3) 表面张力小。粘度小，增大了流动性，有利于焊接接头的形成。

(4) 抗氧化性好。铅在合金中的抗氧化能力得以保持。

焊料中除铅锡以外的其他微量金属元素，可对焊剂的性能有很大的改变。可以加入这些元素以达到不同的目的。如加入少量银可以使焊锡熔点低、强度高，加入 Bi 和 Cd 可以使焊锡变为低熔点焊锡。

手工烙铁焊常用管状焊锡丝。将焊锡制成管状，内部加以松香为主的焊剂。焊料一般是 60%～65%的铅锡合金。焊锡丝的直径有 0.5～5.0 mm 各种规格，形状也有扁带状和饼状等。常用的低温焊锡熔点可达 150℃以下。

2. 焊剂

金属待焊接的表面会有氧化膜，它会阻止焊锡对金属的浸润，所以要采用焊剂。一般焊剂的作用如下：

(1) 去氧化膜。助焊剂中的氯化物酸类和氧化物发生还原反应，生成物变成浮渣，漂起在焊料表面。

(2) 防止氧化。助焊剂熔化后，形成隔离层，漂浮在焊料表面，防止了焊接面氧化。

(3) 减小表面张力。增加焊锡流动性，有助于焊锡浸润。

(4) 使焊点美观。合适的焊剂可以整理焊点形状，保持焊点的光泽。

助焊剂应该有以下的特性：熔点应低于焊料；表面张力、粘度、比重应低于焊料；焊剂残渣容易清洗；不能腐蚀母材；不产生有害气体和臭气。

助焊剂有无机化合物、有机化合物及松香系列。松香在电子焊接中最常用，其中含有酸类和酐类物质。松香在常温下几乎没有化学活动能力，呈现中性，加热熔化时表现为酸性，可以与金属氧化膜反应，形成残渣浮于表面，阻止焊锡表面氧化,同时降低液态焊锡表面张力,增加它的流动性。焊完恢复常温后,松香又变成稳定的固体,无腐蚀,绝缘性强。松香反复加热后可能炭化变黑失效,不能再用。松香同酒精以 1∶3 混合可以形成松香水,加入活化剂后活性更强,可以用于波峰焊。氢化的松香在常温下性能比普通松香稳定,加热后酸价更高,因而有更好的助焊作用。

无机化合物助焊剂的活性最强,可以在常温下除氧化膜,将其经有机油乳化后,可以形成焊油,但它对焊点的腐蚀较强,一般不用。如确需使用,应在焊接后用溶剂清洗干净。常用的几种焊剂如表 2.1 所示。

表 2.1 常见的几种焊剂

品种	成分	活性	用途
松香酒精焊剂	松香、无水乙醇	中性	印制板、导线焊接
盐酸苯胺焊剂	盐酸苯胺、松香、醇类等	轻度腐蚀性	烙铁焊接,也可搪锡
SD 焊剂	SD、溴化水杨酸、松香、无水乙醇等	轻度腐蚀性	浸焊、波峰焊
氯化锌焊剂	氯化锌饱和水溶液	强腐蚀性	各种金属制品板金件
氯化铵焊剂	乙醇、甘油、氯化铵饱和溶液	强腐蚀性	锡焊各种黄铜零件

3. 焊接机理

电子行业中最普遍、最有代表性的焊接是锡焊。锡焊是将熔点比焊件低的焊料和焊件共同加热到锡焊温度,在焊件不熔化的情况下,焊料熔化并浸润锡焊面,依靠二者的扩散形成焊件的连接。

焊接的过程可以结合原子物理学来理解。在焊锡中由于焊件处于加热的活化状态,只要没有氧化层和污垢的隔离,焊料和焊件之间就很容易达到原子引力起作用的距离,发生化学反应。一次焊接可分为浸润、扩散和结合三个过程。

首先焊料和焊件被加热后,熔化的焊料对焊件结合面进行浸润;接着,由于原子间的引力,焊料与焊件之间发生扩散,相互“渗透”;最后在两者的结合面形成牢固的结合层,该层中既有扩散形成的共晶合金,又有两种金属生成的金属间化合物。

由锡焊机理可以理解锡焊的条件:

(1) 焊件必须要有充分可焊接性。只有能被焊锡浸润的金属才具有可焊性。如铬、钼、钨等可焊接性非常差。紫铜和黄铜的表面氧化后也不好焊接,为了提高可焊接性,可以在其表面镀锡、镀银。

(2) 焊件表面必须保持清洁。为了使焊锡和焊件达到原子引力起作用的距离,焊件表面的任何污物都要清除,所以在焊接前要去除掉氧化层和其他污物。

(3) 合适的焊剂。焊剂可以除去氧化层并且可以减小熔化焊料表面的张力以利于浸润,很多焊件需要特殊的焊剂。

(4) 适当的温度。有足够的温度才能使焊料充分浸润,并充分扩散到合金结合层。

2.2.2　焊接工具

电子工艺中主要的手工焊接工具是电烙铁。有多种电烙铁，按加热方式分，有直热式、感应式、气体燃烧式；按发热能力分，有 20 W、30 W 、300 W 不等；按功能分，又分为单用式、两用式、调温式等等。最常用的是单一焊接用的直热式烙铁。

1. 直热式烙铁

直热式烙铁是最常用的手工焊接工具，其特点是由发热元件烙铁芯子直接传热量到烙铁头上，又分为内热式和外热式。内热式的发热元件在传热体的内部，外热式的发热元件在传热体的外部，如图 2.19 所示。显然，内热式能量转换效率较高。

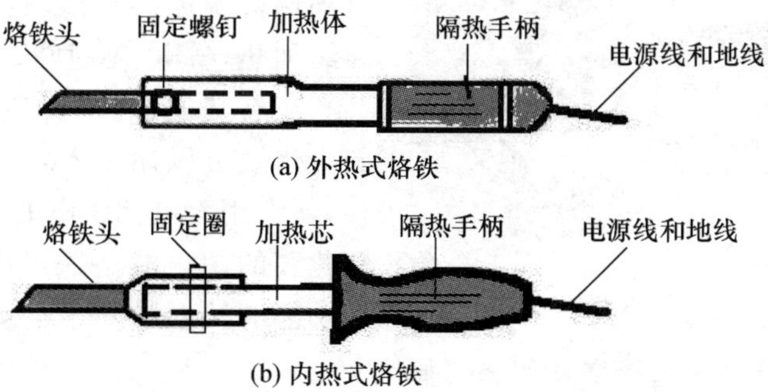

图 2.19　直热式烙铁示意图

发热元件烙铁芯子是将镍铬电阻丝缠在云母陶瓷等耐热和绝缘材料上构成的。传热体是烙铁头，一般由紫铜制成。在使用中，高温氧化和焊剂腐蚀会使之凹凸不平，需要经常清洗和修整打磨。烙铁的手柄由木料或胶木制作而成，能耐较高温度。

直热式烙铁的拿法有反握法、正握法和握笔法，如图 2.20 所示。

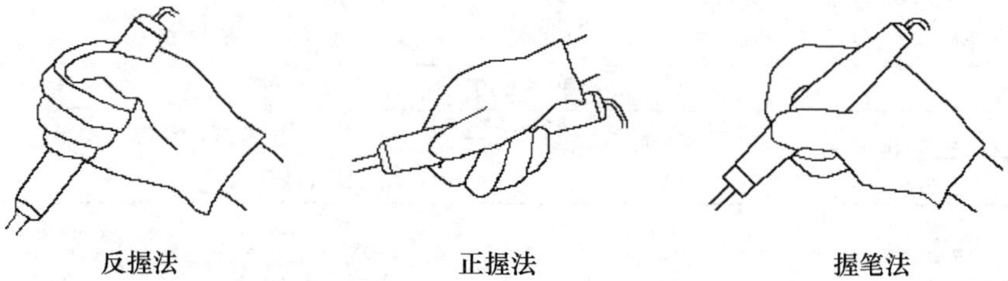

图 2.20　电烙铁拿法

反握法的特点是动作稳定，耐久不易于疲劳，适用大功率烙铁的操作。正握法适合于中等功率烙铁或弯头烙铁的操作。握笔法常用于在操作台上进行电路板的焊接。

2. 其他典型的烙铁

感应式烙铁采用变压器使次级线圈感应出大的电流，大的电流通过加热体，使烙铁在几秒钟达到焊接温度。所以不需要持续通电，只要在使用前打开就可以了。但在焊接电荷敏感器件时，次级的感应电荷可能损坏器件；两用形式的烙铁可以焊接和拆焊，在直热烙铁头上可加吸锡结构，这使其具有加热、吸锡功能，便于拆卸操作。

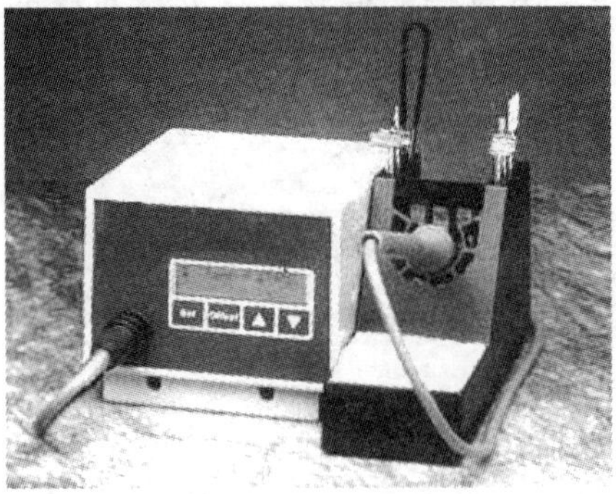

图 2.21 调温烙铁

调温烙铁可以调节烙铁温度，参见图 2.21，烙铁上的发热元件接在可调节电源上；恒温烙铁内部装有传感器，具有自动调节温度的功能，这种烙铁可自动断续加热，省电、不过热、寿命长。

还有其他形式的烙铁，比如蓄能式的电烙铁可以用于 MOS 集成电路的焊接，还有用蓄电池供电的碳弧烙铁、去除氧化膜的超声波烙铁，以及带有环境保护功能的抽烟烙铁等等。

表 2.2 给出了选择烙铁的参考原则。

表 2.2 选择烙铁的原则

焊件及工作性质	烙铁头温度/℃ （室温 220 V 电压）	选用烙铁
一般印制电路板，导线安装	300～400	20 W 内热式，30 W 外热式
集成电路	300～400	20 W 内热式，恒温式，储能式
焊片，电位器，2～8 W 大个电阻，大功率管	350～450	35～50 W 内热式，恒温式，50～75 W外热式
8 W 以上大电阻，2 mm 直径以上导线等较大元件	400～550	100 W 内热式 150～200 W 外热式
金属板	500～630	300 W 外热式
维修调试一般电子产品	300～400	20 W 内热式，恒温式，感应式，储能式，两用式

3. 烙铁头

为了适应不同的焊接要求，有多种多样的烙铁头，可焊出不同形状大小的焊点。常见烙铁头的形状如图 2.22 所示。图中(1) 是表面贴装焊接烙铁头；

(2) 是通用型烙铁头;(3) 是热驱动烙铁头;(4) 是微小焊接烙铁头;(5) 是表面贴焊接拆装用的宽加热头。

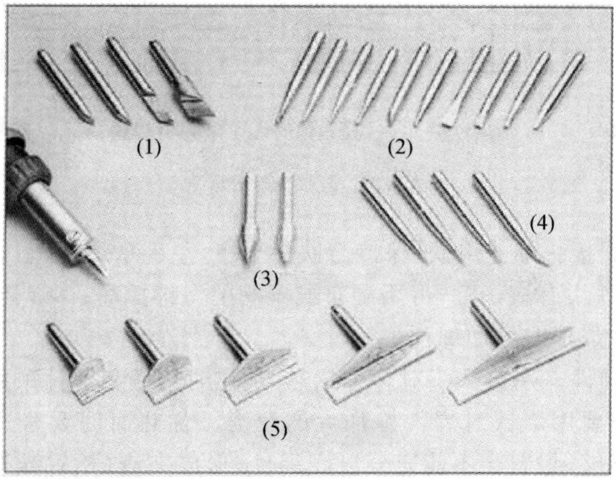

图 2.22　常用烙铁头图示

烙铁头使用一段时间后,氧化严重,表面凹凸不平,需要及时修整。修整时,将烙铁头拆下来,夹在台钳上,先用粗锉修出自己要的形状,然后再用细锉刀修平,再用砂纸磨光。修整后的烙铁要立即镀锡,先将烙铁头安装上,然后将其放在松香水中浸一下,再通电加热,沾锡后在松香中反复磨擦,直到修整面均匀镀上一层锡为止。如果不镀锡,或加热前不加松香,可能使烙铁头表面氧化而难以镀锡。

2.2.3　焊接步骤

1. 焊接前的准备

焊接前,首先要用酒精对焊件表面做清洗,将表面的锈迹、油迹等杂质除去,严重的腐蚀性的污点要用刀刮或砂纸打磨,直到漏出光亮金属为止。由于焊剂只能在焊接时对金属氧化物起作用,因此不可以代替清洗工作。

然后再对焊件做镀锡处理。镀锡是采用液态的锡对被焊接的金属做表面浸润,形成一层被焊金属和焊锡的结合层,结合层将焊锡和待焊金属牢固结合起来。后续的焊接过程是继续用焊锡浸润结合处,熔化焊锡并重新凝结的过程。镀锡时加热温度要合适,加热时间要足够长才能形成结合层,但要注意不要烫坏器件。

2. 焊接步骤

焊接一般分为五个步骤,如图 2.23 所示。

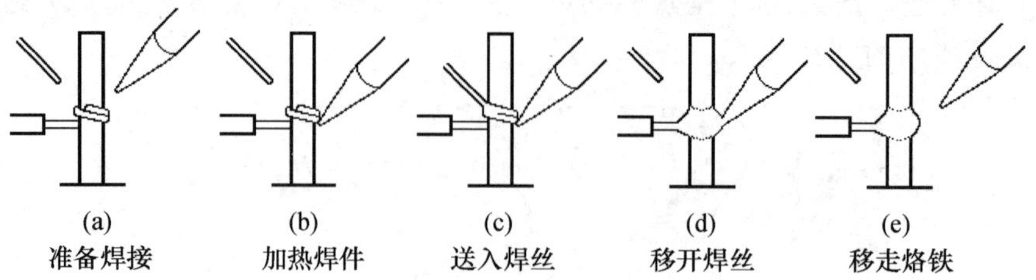

图 2.23 焊接步骤示意图

(1) 准备焊接。加热烙铁,保持烙铁头干净,左手拿焊锡丝,右手握烙铁,准备焊接。若烙铁头有渣子等,可用湿布或湿润的海绵擦净;如焊锡丝中已加了焊剂,则不需要在焊接时另加焊剂。

(2) 加热焊件。用烙铁头对焊件加热,加热时烙铁和焊件采用面接触,而不是点接触,且不要用烙铁对焊件施加大的压力。加热时间要合适,加热时间不足,焊件温度不够,焊料会不能充分浸润焊件,形成夹渣(松香),造成虚焊;加热时间过长,松香会分解炭化,失去助焊作用,并且过热会使铜板的粘合层破坏,导致印制版的铜皮脱落,还会使焊点质量和形状变坏,所以掌握加热火候是很重要的。

(3) 送入焊丝。加热焊件达到一定温度后,焊丝从烙铁对面接触焊件。送入的焊锡量要合适,参见图 2.24。过多的锡容易造成短路或浪费,过少的锡则不牢靠。最好不要从烙铁头处送入焊锡,这样会导致焊料中焊剂(如松香)的挥发。

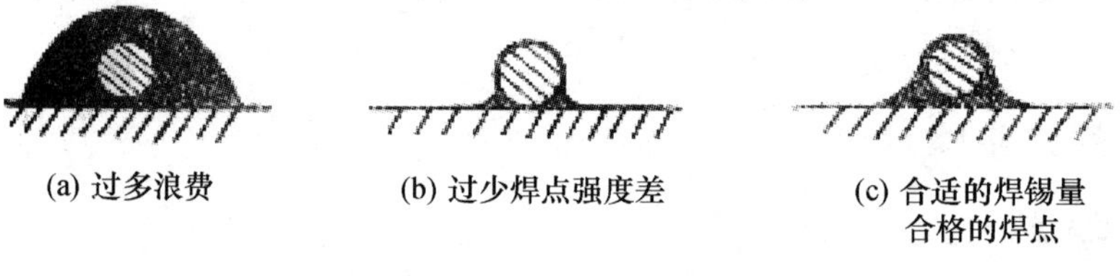

图 2.24 不同焊锡量的焊点

(4) 移开焊丝。当焊锡送到一定量后,立即移开。

(5) 移开烙铁。当焊锡浸润焊盘或者施焊部位后,移开烙铁。注意在移开前不要抖动。

2.2.4 焊接应注意的问题

正确的焊接对电路性能有着重要的作用。据统计,电子设备近一半的故障是由于焊接不良引起的。从焊点的质量可以了解电路板工艺的水平。

一个合格的焊点,首先要有可靠的电连接,所以焊点要有一定的面积和充分大的合金层，如果勉强连住，留有空隙，日久接触面则会变得氧化、脱落，造成电路时通时断，难以维修；其次要有一定的机械强度，因为焊盘也起到固定元件的作用，虚焊点或者小焊点强度不够，焊接未凝固时的震动都会造成豆渣形裂纹，影响机械强度。

良好的焊点如图 2.25 所示的结合面要显弯月形，不能有裂纹和气孔，也不能有桥接和拉尖。

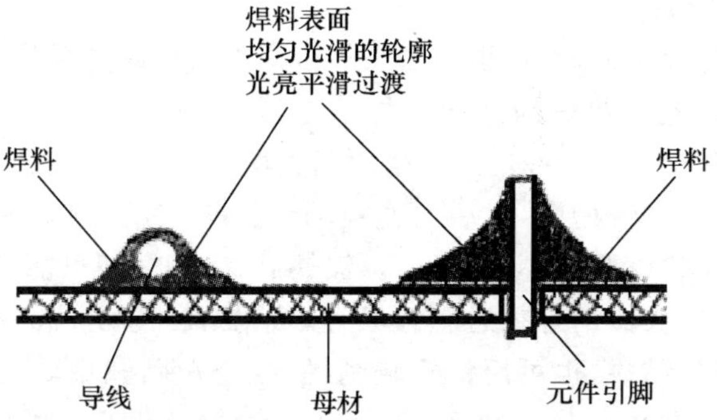

图 2.25　合格的焊点

除了要保证焊点合格外，对不同元器件的焊接还要注意以下问题：

1. MOS 工艺器件的焊接

MOS 工艺器件的弱点是容易被静电损坏。烙铁加热产生的电荷，以及人体衣服磨擦产生的静电都足以击穿 MOS 工艺器件极薄的栅极。虽然目前的 MOS 工艺器件里加上了保护电路，但其抗静电电压往往有限。这类器件的焊接常采用以下措施：

(1) 为防止静电损坏，操作台采用接地良好的铜板，不要存放积累电荷的塑料和橡皮等。电烙铁要求接地良好，或采取断电情况下用余热来加热。必要时，焊接人员要带防静电环套，将人体接地。还可以将芯片管脚先设法连接短路进行防静电保护。

(2) 焊接时间控制在 2 秒之内，比较安全，过热或过长时间的加热会损坏器件内部，一般不得超过器件手册上说明的焊接温度和焊接时间。

(3) 使用低熔点的焊剂，一般可以低于 150℃。

(4) 集成电路的安全焊接顺序一般是：地端→输出端→电源端→输入端。

2. 塑性有机元件的焊接

焊接塑料封装元件时，镀锡要尽量一次成功，不要反复镀烫，否则会使金属管脚和塑料壳之间松弛而导致器件损坏。在焊接时加热时间不适宜过长，且不要施加压力，焊接后也不要立即做牢固性能检查。

3. 金属板上的焊接

金属板的表面积大，散热快，根据板的厚度、面积可以选 50～300 W 的烙铁。对于 0.3 毫米以下的铜板也可以采用 20 W 的电烙铁，但要适当加长焊接时间。紫铜、黄铜、锌板比较容易上锡，只要刮干净就可以。铝板表面的氧化层很容易生成，焊锡对其不浸润，可以采用有腐蚀性的焊剂，加热去除氧化层，焊完后用酒精进行清洗。

4. 贴装器件的焊接

SMD 器件的管脚细，间距小。人工焊接这类器件时常采用带有含锡槽的烙铁头。焊接时，首先将助焊剂涂抹在焊盘上，然后将 SMD 器件定位在 PCB 板上，使所有的脚和 PCB 焊盘对齐，焊接对角上两个引脚，完成芯片的定位；接着，将锡熔化到烙铁头的锡槽中，然后匀速拖动烙铁头，对管脚实施镀锡（注意不要用力过大，否则会将管脚拖坏或变形）。镀锡后，管脚之间可能有锡粘连的锡块，可以用干净的烙铁头镀助焊剂后轻轻吸掉，或借导线等引流去掉。最后可以用显微镜等观察焊接结果，也可用针轻轻刮挑，检查短路和虚焊，进行纠正。这样便完成了 SMD 器件的焊接。图 2.26 所示是 QFP 器件焊接的例子。

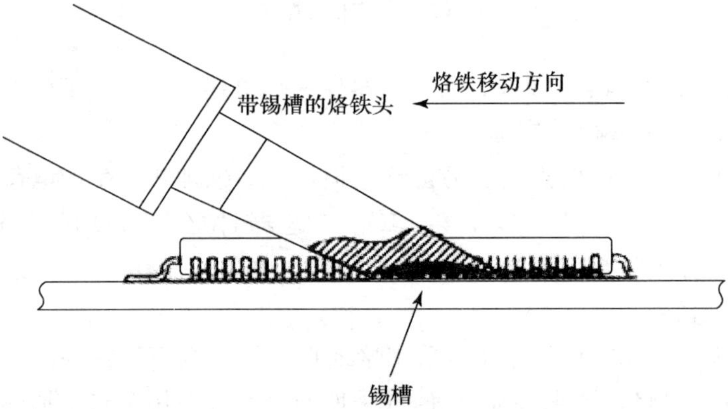

图 2.26 QFP 器件焊接的例子

5. 拆焊

调试和维修中常需要更换元器件，拆焊时一定要小心仔细，合理运用吸锡器、尖钢针、热风枪等工具，避免损坏 PCB 板。

拆卸电阻电容等元件时，通常先拆一个端子，再拆另一个。先用烙铁加热焊点使其熔化后，再用镊子将端子挑起来。切忌使用蛮力，否则会将焊盘弄坏，或将焊孔拔出。对于调试中需多次拆卸更换的元件，可采用剪断搭接的办法。

对于双列直插封装的元器件，拆卸时可采用吸锡器来吸掉过孔中熔化后的锡，或使用吸锡材料来清除焊点的锡。

对于表面贴装元器件，常使用热风枪进行拆卸。

第三章　常用电子仪器

电子仪器是实验工作中不可或缺的重要工具，是测量、分析实验现象的重要手段。实验仪器设备本身也是独立的电子系统，了解实验仪器的基本原理，熟悉其使用方法，也是实验内容之一。本章重点介绍几种常用仪器的基本原理。

3.1　万　用　表

万用表是电子线路实验中最常用的测试仪表。它可以测量电路两点之间的电阻、电压、电流等重要参数，操作简单、使用方便。万用表随电子技术的发展，其自身也在不断发展。以前的万用表以指针式万用表为主，现在则越来越多地被数字式万用表取代。本章将分别介绍指针式万用表和数字式万用表。

3.1.1　指针式万用表

指针式万用表是常用的测量仪表。它能测量交、直流电压、电流和电阻，有些还可以对半导体器件进行简单的测试。这种万用表的核心部分是一个叫做永磁动圈式的表头。它有一个悬挂在永久磁铁磁场里的活动线圈，永久磁铁呈马蹄形，线圈能在磁场中转动。当有电流 I 通过线圈时，就会与永久磁铁的磁场相互作用产生一个感应电磁力矩，驱使线圈转动，并带动指针偏转。当电磁力矩与固定于线圈上的控制弹簧机械力矩相等并达到平衡时，指针就停留在某一偏转角，指针的偏转角度与通过动圈的直流电流 I 成正比，如图 3.1 所示。

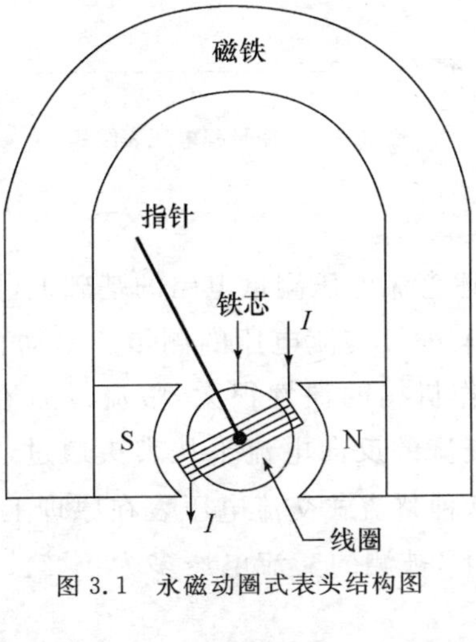

图 3.1　永磁动圈式表头结构图

1. 测量直流电流

在测量电流时,万用表是串接在被测电路之中的。通常通过并接不同的分流电阻,来改变电流测量量程。

一个可改变量程的电流表内部结构如图 3.2 所示。

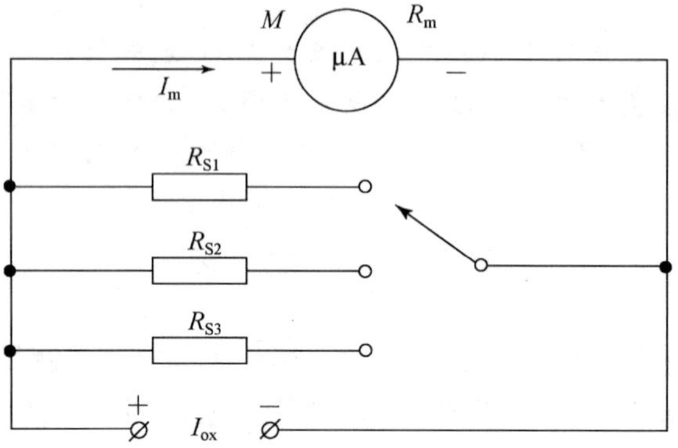

图 3.2 可变量程电流表结构

2. 测量直流电压

在测量电压时,万用表是并接在被测电路之中的。通常通过串接不同的分压电阻,来改变电压测量量程。

一个可改变量程的电压表内部结构如图 3.3 所示。

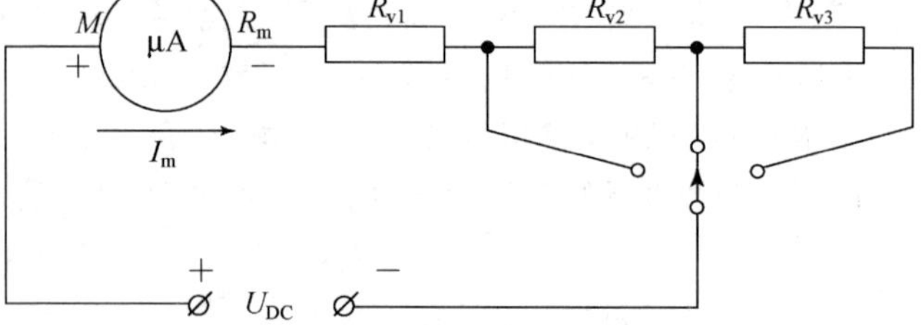

图 3.3 可变量程电压表结构

3. 测量交流电压

指针式万用表在上述直流电压测量电路的基础上,如图 3.4 所示加入串、并式二极管半波整流电路来进行交流电压的测量。驱动直流表头 M 的电流为交流正半周。由于表头动作机构的惯性很大,整流以后不用再加平滑滤波电容。二极管 D_2 的作用是使交流的反向电流不从表头通过,并且保护正向整流二极管 D_1 不致反向击穿。这种整流式交流电压表在原理上只响应于交流电压的半波平均值。在通常情况下,被测的交流电压多为正弦波。如果用它来测量非正弦交流电压就要按波形进行折算,对带有直流成分的交流电压要把直流成分隔开才能获得正确的测量结果。

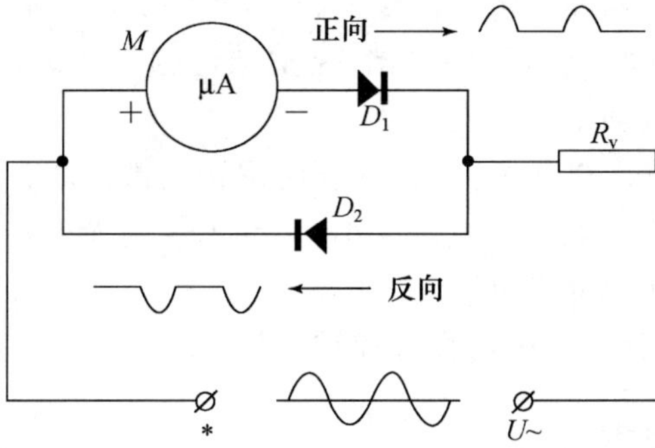

图 3.4　测量交流电压

4. 测量电阻

指针式万用表电阻的测量是基于电压-电流表法。当把被测电阻 R_X 两端加恒定电压 U,其流过电流为 I。由欧姆定律可计算出 $R_X=U/I$,则 $R_X \propto 1/I$,即只用一个电流表就可将 R_X 测量出来。

图 3.5 是一种万用表的多量程测量电阻电路。通过选择不同的分流电阻可以改变测量量程。由于实际上电池的电压有所变化,故万用表测量电阻的电路上都设置电位器,来改变电流表的灵敏度,使得当把测量表笔短接时能将指针调到零欧姆的刻度上,这个电位器 R_0 的调整叫做"Ω 零调"。

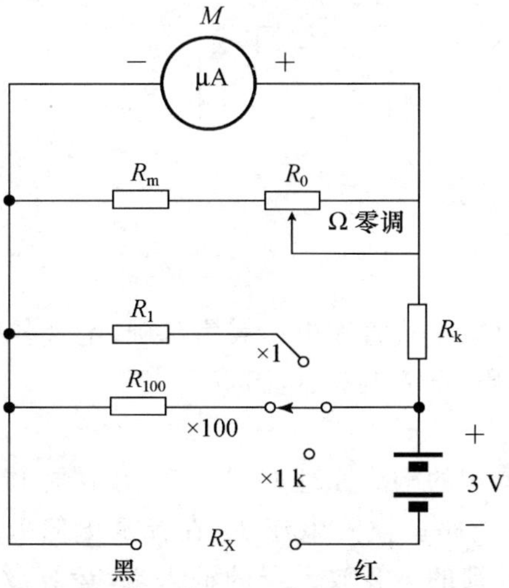

图 3.5　多量程欧姆表

5. 指针式万用表使用和注意事项

(1) 根据测量的内容正确地选用工作挡位和量程；

(2) 不能使用电流挡和电阻挡测量电压；

(3) 使用结束时应将旋钮拨置空挡，无空挡位的万用表应将旋钮置于测量直流电压的最大量程位置；

(4) 要先判断正确的极性，防止指针反向偏转而遭损坏；

(5) 在无法判断被测电流或电压大小时，首先要用最大挡，然后再逐步降低量程直至得到显著的偏转量为止；

(6) 为提高测量精度，应选用指针偏转大的量程。

3.1.2 数字式万用表

轻便小型化的数字式万用表由于其结构紧凑、使用方便、测量数据准确直观，从而得到越来越广泛的应用。

1. 数字式直流电压表

数字式万用表的核心是数字式直流电压表(Digital VoltMeter，DVM)。数字式直流电压表的核心是模数转换器件(Analog Digital Conventor，ADC)。它将被测模拟信号进行采集、量化转换为数字量，然后再以数字化形式显示出来。

由于模数转换部分工作在一定的范围内，当被测信号值不在这些范围内时，就要先将被测信号转换到这个范围内。通常数字式直流电压表都是多量程的，量程的转换由一个可变放大器来实现，如图 3.6 所示。

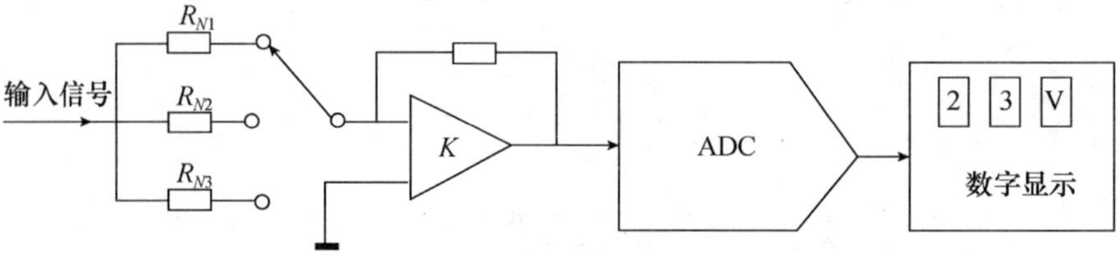

图 3.6 数字式电压表结构

数字式万用表是以数字式直流电压表为基础，配合各种变换电路组成的，能兼测直流电压、交流电压、直流电流、电阻等。

2. 测量直流电流

数字万用表电流测量的构成原理如图 3.7，图中画出了把被测直流电流 I_X 变换成直流电压 $U_=$ 的电路。被测电流 I_X 在标准电阻 R_N 上产生电压降，将这个电压降加到带有负反馈的运算放大器的输入端，运算放大器的增益准确地保持恒定，因此它的输出电压 $U_=$ 就能准确地与被测直流电流 I_X 成正比，这样直流数字电压表所显示的数字就代表被测电流值。改变标准电阻 R_N 就可以变换测量电流的量程。这种数字万用表电流的一般测量范围为 0～±500 mA，测量准确度为±0.2%±2 个字。

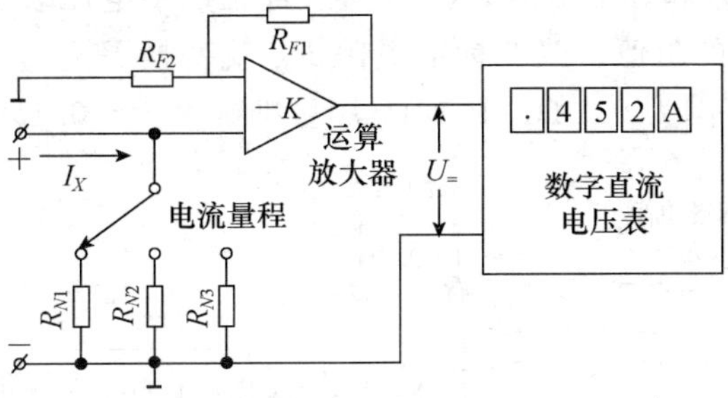

图 3.7 数字万用表电流测量原理

3. 测量交流电压

数字万用表交流电压测量的构成原理如图 3.8。为了测量结果准确，对交-直流变换器提出较高的指标：在一定范围内增益稳定，线性要求非常好，输出直流电压 $U_=$ 与被测交流电压 U_X 的平均值成正比。如图 3.8 所示的方案，采用一个深负反馈的宽频带放大器。检波后的电压经过由 R 和 C 组成的电路进行滤波，得到平滑的直流电压 $U_=$ 再加到数字直流电压表。由这种类型交-直流变换器组成的数字万用表，交流电压的测量最低量程可达 0.5 V，分辨能力为 0.1 mV。频率范围 20 Hz～20 kHz，测量准确度 0.3%±1 个字，输入阻抗为 10 MΩ 和 10 pF 并联。

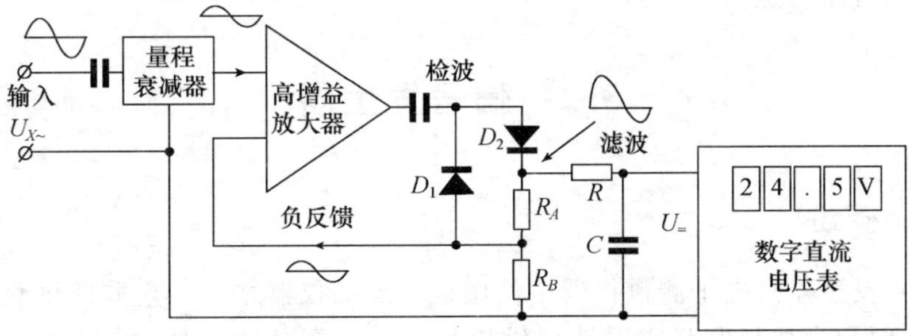

图 3.8 数字万用表的交流电压测量原理

4. 测量电阻

数字万用表电阻测量的构成原理如图 3.9，图中画出了把被测电阻 R_X 变换成直流电压 $U_=$ 的电路。它是把被测电阻 R_X 接在运算放大器的负反馈电路中，标准稳压管 D_Z 产生的标准电压 E_N，经过标准电阻 R_N 送到运算放大器的输入端，这样安排的运算电路，$U_=$ 和 R_X 有如下的线性关系：

$$R_X = \frac{R_N}{E_N} U_= \tag{3.1}$$

当标准电压 E_N 和标准电阻 R_N 一定时，直流数字电压表所显示的值就可换算为被测电阻 R_X 的阻值。改变标准电阻 R_N 就变换了测量的量程。一般数字万用表电阻测量范围为 0.1 Ω～10 MΩ，测量准确度为±0.1%±2 个字。

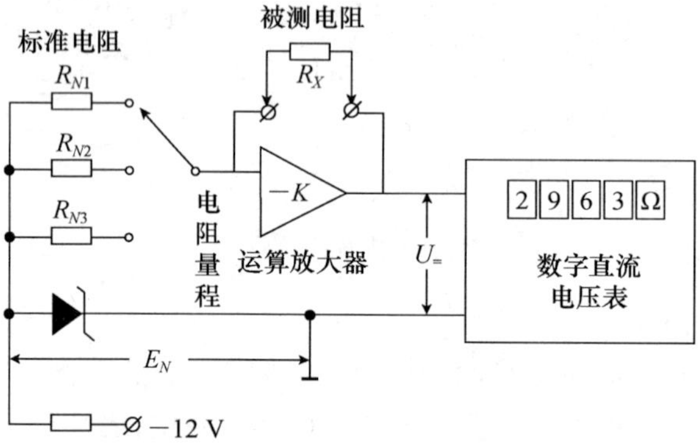

图 3.9 数字万用表的电阻测量原理

新型的数字万用表通常具备自动量程转换装置，可以根据输入信号的电平，自动选择合适的测量量程；并具备超量程保护功能，这样在输入信号电平超过特定范围的最大值时，数字万用表不致于损坏，并能在这种条件下给出过荷指示。但应特别注意：使用时不要超过数字万用表设计允许的最大额定值，否则可能导致内部电路毁坏。

3.2 信号发生器

3.2.1 概述

信号发生器是电子测量仪器中使用最广泛的仪器之一。它本身并不测量任何参数，而是为被测电路或器件提供信号。在电子技术领域中，各种电子元器件、电路以及整机系统的研制、生产、使用或维修环节，都需要使用信号发生器。

信号发生器分为基于模拟电路产生所需信号和基于数字形式产生所需信号两大类型，可以输出正弦波、三角波、方波、锯齿波、脉冲波，并且可以改变信号的频率和幅度，有些信号发生器还具备调制和扫描的功能。

1. 信号发生器的电路模型

无论具体信号发生器的内部多么复杂，其电气特性都可以简单地表示为一个与电阻串联的电压源，见图 3.10 所示。V_s 是信号发生器的开路电压，R_s 是输出电阻，V_s 可以是任意波形。输出电阻则通常是几种典型值，50、75 或600 Ω。大多数信号发生器的技术规格都假定了外接阻抗与信号发生器的输出阻抗相等。

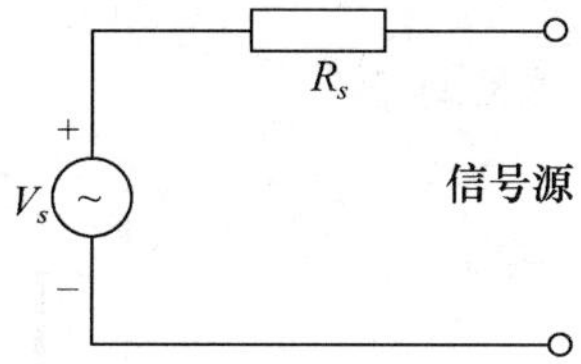

图 3.10 信号源的电路模型

2. 信号发生器的技术指标

由于具体信号发生器种类很多，并且一直在不断发展。这里只简要地介绍一些最基本的技术指标。

(1) 频率精确度，频率精确度表示输出信号的实际频率 f 与仪表面板上预置的频率值 f_0 之间的偏差：

$$\Delta = \frac{f - f_0}{f} \times 100\% \tag{3.2}$$

在一些用机械度盘指示频率的信号发生器中，从顺时针方向和逆时针方向旋至预定刻度时，两种情况下实际的输出信号频率 f_1 和 f_2 可能不一样，这个误差称为重调误差：

$$\delta = \frac{1}{2} \cdot \frac{f_1 - f_2}{f_0} \times 100\% \tag{3.3}$$

(2) 频率稳定度，信号发生器输出的信号频率可能因为多种原因是随时间变化的，这一特性用频率稳定度来表示。例如在一定的时间内，以一定的间隔连续测量输出信号的频率，找出这段时间内的频率变化最大值($f_{\max} - f_{\min}$)，用下式求出频率稳定度：

$$\delta = \frac{f_{\max} - f_{\min}}{f_0} \times 100\% \tag{3.4}$$

此外，温度、电源、负载等因素都有可能引起频率变化。

(3) 幅度精度，幅度精度表示信号的实际幅度与仪表的预置幅度值之间相一致的程度。通常用信号发生器的最大输出电压(或功率)与实测值之间的误差表示，表示为最大幅度的百分比或分贝数。

(4) 失真，失真表示输出信号的实际波形与预定波形之间的差别。例如正弦波，如果是纯正的，在频域中表现为只有单一频率成分，但如果有失真，在频域中就表现为出现了一些别的不需要的谐波，这称为谐波失真，如图 3.11 所示，除了原有的基频外，还伴随有几个频率为基频的整数倍的频率分量——谐波。全部谐波可以用一个总谐波失真来表示：

$$Y=\frac{\sqrt{V_2^2+V_3^2+\cdots+V_n^2}}{V_1}\times 100\% \tag{3.5}$$

其中 V_1 是基频分量有效值，V_2，V_3，…，V_n 分别是各项谐波分量的有效值。这些有效值可以用频谱仪测出或换算出。

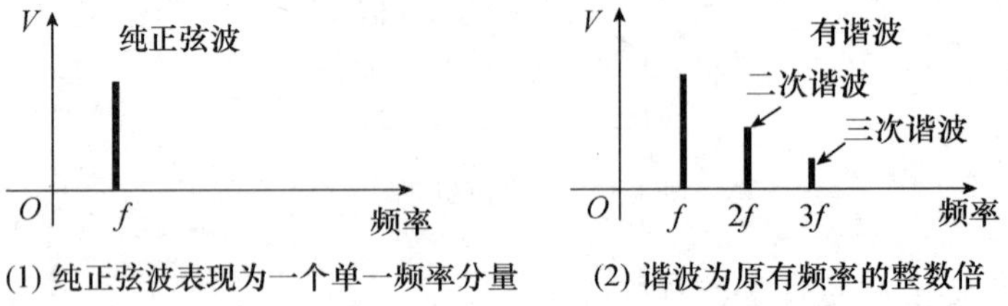

图 3.11 信号源输出的频域特性

3.2.2 模拟信号发生器

基于模拟电路的信号发生器原理框图如图 3.12 所示。其核心是一个由模拟电路组成的频率可调的自由振荡器，输出正弦波信号。自由振荡器可通过文氏桥振荡器、相移网络振荡器、双 T 桥振荡器、双积分振荡器、全通网络振荡器，以及频率合成技术等实现，其频率可由可变电阻或可变电容等调节。自由振荡器输出的正弦波信号，再经过比较器、积分器等变换电路，产生方波、三角波、锯齿波、脉冲波等信号，最后经过放大器、可调衰减器输出。

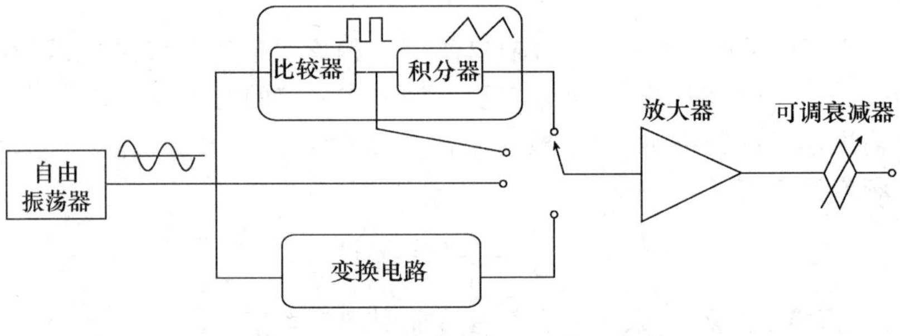

图 3.12 基于模拟电路的信号发生器原理框图

3.2.3 数字信号发生器

随着技术的不断进步，使用数字方法产生所需波形信号已被广泛使用。使用数字方式可以产生几乎任意的波形，并可以在电路的允许带宽里任意改变频率。因此，数字信号发生器已经占据了主导地位。

数字信号发生器一般采用直接数字合成(Direct Digital Synthesis,DDS)技术。DDS是一种新的频率合成技术和信号产生的方法,具有超高速的频率转换时间,极高的频率分辨率和较低的相位噪声。在频率改变与调频时,DDS能够保持相位的连续,因此很容易实现频率、相位和幅度调制。此外,DDS技术是基于数字电路技术的,具有可编程控制的突出优点。

DDS的原理框图如图3.13所示。对一个正弦波信号,信号发生器首先按照 $y=\sin x$ 函数关系进行数字量化处理,即将函数沿 x 轴分成若干小段,计算每段的 y 值构成正弦查询表。再以 X 为地址,Y 为量化数据,依次存入波形存储器(ROM)中。

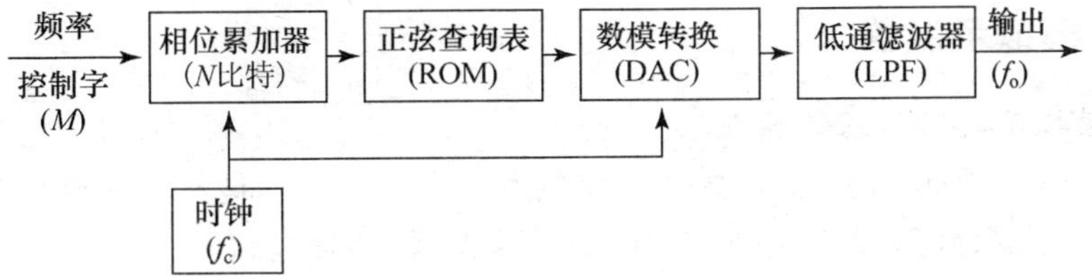

图3.13　DDS原理框图

信号发生器工作时,相位累加器可在每一个时钟周期来临时将频率控制字所决定的相位增量 M 累加一次,如果记数大于 2^N,则自动溢出,而只保留后面的 N 位数字于累加器中。正弦查询表ROM用于实现从相位累加器输出的相位值到正弦幅度值的转换,然后送到DAC中将正弦幅度值的数字量转变为模拟量,最后通过滤波器输出一个很纯净的正弦波信号。

由于相位累加器是 N 比特的模2加法器,正弦查询表ROM中存储一个周期的正弦波幅度量化数据,所以频率控制字 M 取最小值1时,每 2^N 个时钟周期输出一个周期的正弦波。所以此时有:

$$f_o = \frac{f_c}{2^N} \tag{3.6}$$

式中 f_o 为输出信号的频率,f_c 为时钟频率,N 为累加器的位数。

更一般的情况,频率控制字是 M 时,每 $\frac{2^N}{M}$ 个时钟周期输出一个周期的正弦波。

所以此时有:

$$f_o = \frac{M \cdot f_c}{2^N} \tag{3.7}$$

式中 f_o 为输出信号的频率,f_c 为时钟频率,N 为累加器的位数,M 为频率控制字。

由此可以通过控制 M 值来改变输出频率，当 N 比较大时，对于很大范围内的 M 值，DDS 系统都可以在一个周期内输出足够的点，保证输出波形失真很小。

3.3 电子示波器

电子示波器是一种十分重要且用途广泛的测量和分析仪器，可用来对电子电路的波形进行测量和分析。电子示波器实际上是一种用来显示输入信号与时间之间，或某一输入信号与另一信号之间关系的快速 X-Y 显示器。

3.3.1 模拟示波器

1. 模拟示波器的基本原理

图 3.14 为模拟示波器主要分系统的简化方框图，它包括：阴极射线示波管、垂直放大器、延迟线、扫描发生器、水平放大器、触发电路。

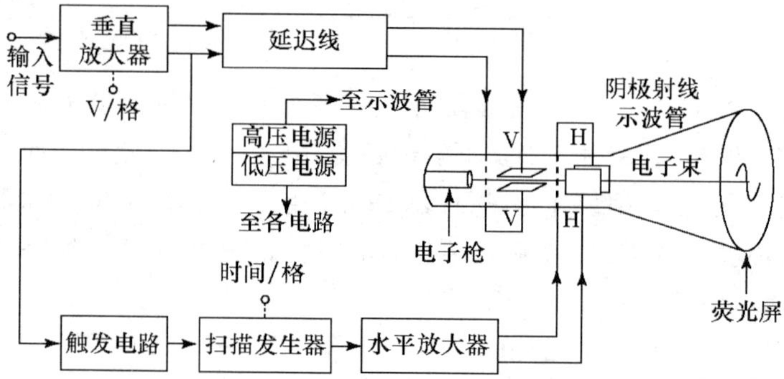

图 3.14 模拟示波器原理框图

阴极射线示波管是示波器的心脏，由示波器的其余组成电路来驱动。阴极射线管的电子枪能产生一束精确聚焦的电子束，并加速至很高的速度，以足够的能量冲击到涂覆在射线管荧光屏内表面的荧光物质上，使屏幕产生一个小发光亮点。

电子束从发射源向荧光屏运动过程中，要穿过一组垂直偏转板和一组水平偏转板。加在垂直偏转板上的电压使电子束在垂直平面内上下运动；加在水平偏转板上的电压使电子束在水平面内左右来回运动。这些运动是相互独立的，如果瞬时施加相应的垂直和水平电压，由电子束运动产生的亮点可以出现在屏幕的任何位置上。

一般的示波器中，加在 X 轴(或称水平输入轴)上的是一个线性变化的电压(称扫描电压)，由示波器内部的扫描发生器产生。它是一个锯齿波电压，上升速率由前面板上标有时间/格(TIME/DIV)的波段开关来控制。锯齿波电压经水平放大器放大后加至水平偏转板,使电子束以 TIME/DIV 波段开关所确定的时间单位,从左至右地在示波管的荧光屏上重复扫描,从而使光点在荧光屏上周期性地从左向右匀速移动。

加在示波器的 Y 轴(或称垂直轴)上的是被测电压。被测信号经过示波器探头,加至示波器垂直放大器的输入端,垂直放大器的增益由经过校准的输入衰减器来设置,一般标有 V/格(VOLTS/DIV)。垂直放大器的输出经过延迟线馈至示波管的垂直偏转板,以足够的电压使电子束在垂直方向上运动,这样光点就按照输入电压的瞬时值在屏幕上作上下移动。

当锯齿波(扫描)电压加到水平偏转板上的同时,若将一正弦波电压信号加到垂直偏转板上,电子束将产生两个方向的运动:一个是在水平方向上以线性速率的横向运动,另一个是在垂直方向上与输入信号的大小、极性相一致的上下运动。所以电子束便产生了一种以时间为函数的垂直输入信号的合成运动,在荧光屏上,示波管的光点就形成了输入电压作为时间函数而变化的图形。当扫描电压和输入电压以很快的速率进行重复时,屏幕上便呈现如图 3.15 所示的图像。所以示波器可提供一种观察变化电压与时间之间关系的方法。

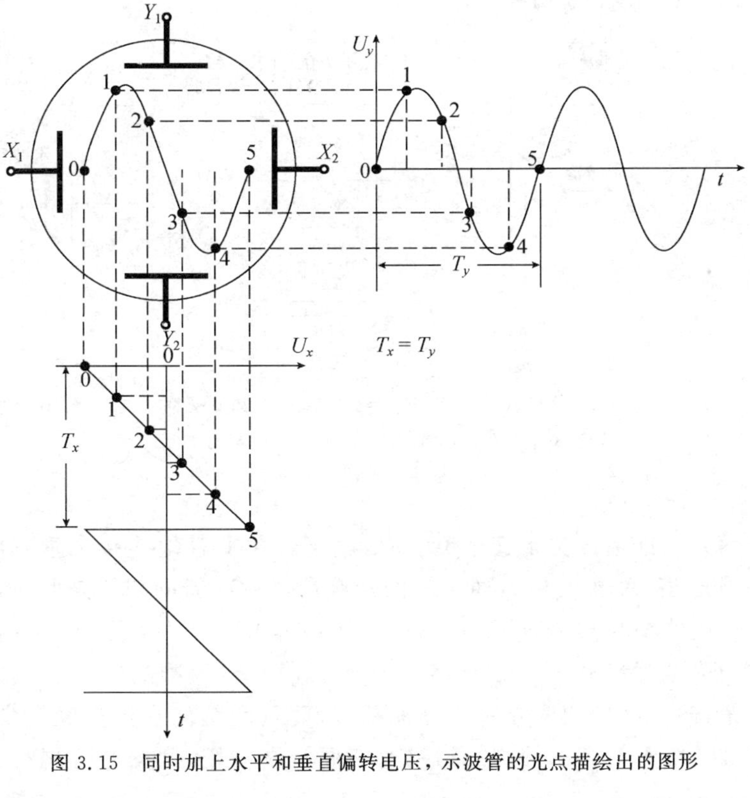

图 3.15 同时加上水平和垂直偏转电压,示波管的光点描绘出的图形

如果被测信号是重复性的,为使示波管的显示维持稳定,就必须满足水平扫描电压的周期 T_x 与被测信号周期 T_y 保持整数倍关系,即 $T_x = nT_y$(n 为整数)。因此扫描电压的重复周期,必须接受被测信号或与被测信号周期有严格时间一致关系的信号的控制(称为同步)。为了实现这一目的,可在被测信号波形的相同点上启动水平扫描。例如,将被测信号波形送入触发电路,在被测信号波形上选择某一点(通常以被测信号波形的前沿或后沿)来触发脉冲发生器,并由此产生一触发脉冲来启动扫描发生器,进而启动示波管的光点从荧光屏的左边开始进行水平扫描。

设置延迟线的目的是:将输入信号电压推迟到触发器和扫描电路有了启动后再加至垂直偏转板上,使得我们能够看到波形的前沿或后沿。

2. 双通道模拟示波器

双通道示波器是由普通示波器改进而成的,它的简化原理框图如图 3.16 所示。

双通道示波器有两个独立的(A 通道和 B 通道)垂直信号输入电路,带有相同前置放大器。A 通道和 B 通道前置放大器输出馈给连接主垂直放大器的电子开关。电子开关包含有选择不同显示方式的电路。显示方式选择器在原理框图中未示出,只列出了其功能。

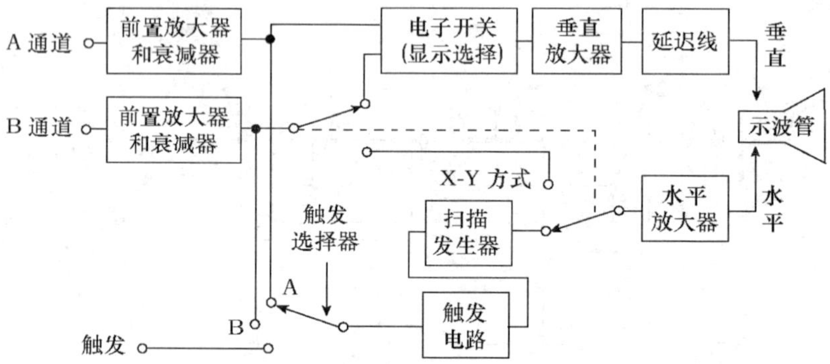

显示方式选择:(1) 只有 A　(2) A 和 B 斩波　(3) A 和 B 交替　(4) A 和 B 相加
(5) A 作为 B 的函数(X-Y 方式)　(6) 只有 B

图 3.16　双通道示波器简化原理方框图

当显示方式选择器位于交替位置时,电子开关交替地连接主垂直放大器至 A 通道和 B 通道,A 通道与 B 通道间的转换在每一次新的扫描开始时发生。电子开关的转换速率与扫描速率同步,这样示波器光点第一次扫描 A 通道信号,而下一次扫描 B 通道信号。由于各垂直放大器有经校准的输入衰减器和一垂直位置旋钮,输入信号的振幅能够分别调节,而且两图像在荧光屏上是分开的。这种工作方式由于具有比较快的扫描速率而特别有用,两图像可同时出现并且稳定地显示。

选择斩波工作方式时，电子开关不受扫描频率的控制，轮流将A通道和B通道波形的一小段连接至主垂直放大器。如果斩波速率比水平扫描速率快得多，最终在示波器荧光屏上显示的两通道波形没有明显的断续。如果扫描速率接近斩波速率，断续现象明显，图像显示的连续性消失。在这种情况下，最好使用交替的工作方式。

选择加法工作方式时，A通道和B通道的信号可以进行几何叠加，它们的和作为时间的函数以单一图像显示。如果将极性转换开关用于两个通道，就能够显示出A+B，A－B，B－A和－A－B的波形。

选择X-Y工作方式时，扫描发生器断开，B通道与水平放大器连接。这时示波器用于显示A通道信号与B通道信号之间函数关系。以正弦波为例，在示波器的水平方向和垂直方向同时施加正弦波电压会产生图3.17所示的图形。垂直信号的频率是水平信号的两倍，因此示波管光点在垂直方向扫描两个完整的周期，而在水平方向只扫描一个周期。两个波形上的数字1～15分别代表相同的时间点。假设光点从示波管荧光屏的中心开始运动，光点的运动能够以图中所示的方式重显，得到的图形称为李沙如图形。可以通过李沙如图形分析两信号的相位关系和频率关系。

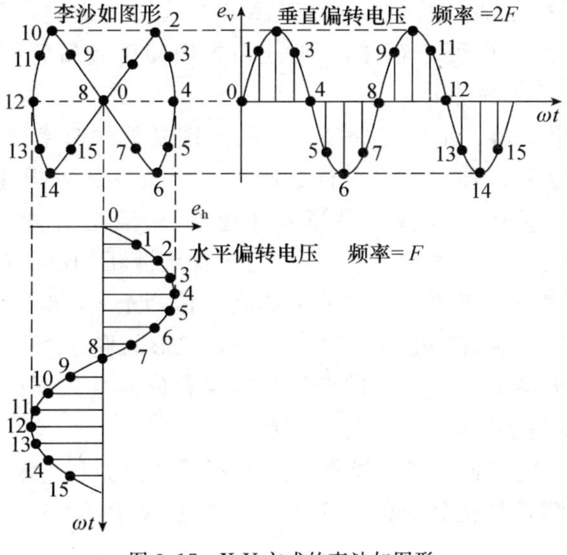

图3.17　X-Y方式的李沙如图形

3.3.2　数字示波器

随着电子测量技术的不断发展，模拟示波器已经在从实际应用领域逐渐退出，取而代之的是数字示波器。数字示波器具有使用方便，操作简单，显示清晰，数据读取方便，便于存储信息等优点，已被广泛使用。

1. 数字示波器基本原理

数字示波器采用微处理器控制，将输入信号进行 A/D 转换，然后存入存储器，最后进行显示。由于数据采集和显示两部分分离，避免了实时模拟显示对示波管提出的高要求。图 3.18 是一般数字示波器的原理框图。

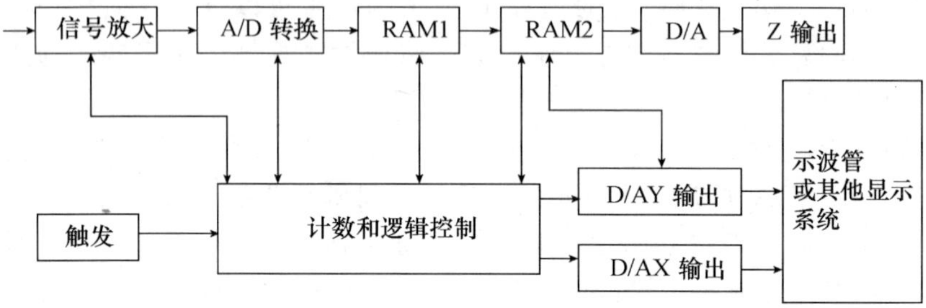

图 3.18 数字示波器的原理框图

数字示波器大致由以上几个部分组成。被探测信号首先通过放大器，进行 A/D 转换后存入 RAM1，然后进行抽样，将准备用于显示的抽样后的信号存入 RAM2，根据逻辑控制部分的命令，从 RAM2 中读出数据进行显示。由于 A/D 转换后都是数字化处理，便于存储，同时还可方便使用液晶显示器进行显示。

2. 数字示波器主要指标

(1) 采样速率。数字示波器提高带宽的关键是采样速率。定义为每秒采样次数(S/s)，指数字示波器对信号采样的频率。示波器的采样速率越快，所显示的波形的分辨率和清晰度就高。最高采样速率，一般是由 A/D 转换的速率决定。采样速率决定了示波器的测量带宽，为了保证测量的准确性，采样速率必须大于待测信号频率。一般要求采样速率达到 5 倍乃至 10 倍带宽。

(2) 存储容量。存储容量通常定义为获取波形的取样点数目。RAM1 的储存容量决定了示波器在一个探测周期里可以储存的测量数据。所以储存容量越大，测量的数据就越多，越不容易丢失信息。

(3) 分辨率。数字示波器与模拟示波器不同，它的显示点是不连续的，在水平和垂直方向上都是量化分布的。垂直分辨率取决于 A/D 转换后量化值编码的位数。

水平分辨率指所能分辨的最小时间间隔，取决于采样速率。

数字示波器是以一定的速率读取信号采样点的数值，在不同的采样周期中，新读取的信号样点的位置不可能完全相同，同时，读取数值还受到 A/D 转换器精度的限制，使读数和信号样点的实际值存在量化误差。在显示时，不同采样周期的样值连续显示于屏幕上。因而造成数字示波器的系统噪声。注意这种噪声不是由于信号的实际噪声引起的，而是数字示波器本身固有问题导致的。从原理上分析，提高采样速率和 A/D 转换的垂直分辨率都可以降低示波器的系统噪声。因而在测试中采用平均值检测，是较为实用的减小示波器系统噪声的方法，但它也会将信号的实际噪声平均掉。因此，在实际测量中，要根据测试所关心的问题，适当选择取样方式。

第二部分

电路基础实验

实验一　手工焊接训练

一、实验目的

1. 通过在通用印刷电路板(通用 PCB 板)对插脚式元件和简单电路的焊接,初步掌握手工焊接技术。

2. 了解 PCB 板的制作过程,弄懂 PCB 板各部分的功能和含义。

3. 通过简单电路的焊接学会看电路图,并能对照电路图在通用 PCB 板上合理布局焊接元件和正确连线。

4. 学会辨认基本的分立元件和简单的集成电路芯片。

5. 学会用数字式万用表测量电压、电阻、二极管、三极管。

二、实验器材

本实验中实验台及仪器设备工具如图 E1.1 所示。

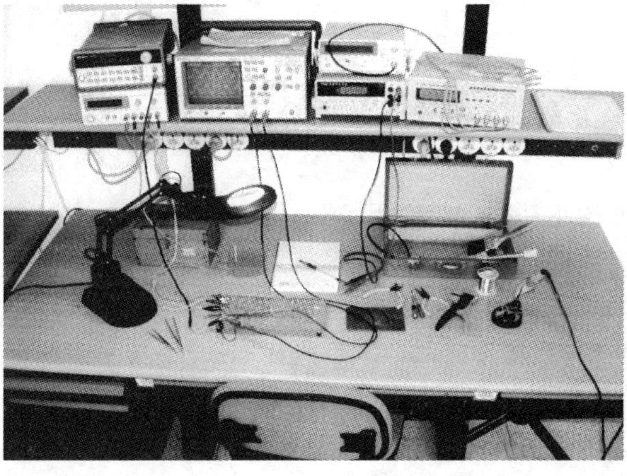

图 E1.1　实验室中实验台及仪器设备工具

1. 直流稳压电源一台。

2. 四位半数字式万用表一台。

3. 小功率碳膜电阻 8 个、独石电容 2 个、电解电容 2 个、二极管 1 个、三极管 1 个。

4. 函数信号发生器一台。

5. 电烙铁一把、实验工具一套、实验电路板一块。

6. 1/4 W 金属膜电阻 3 kΩ 1 个、47 kΩ 1 个、二极管 1N4148 1 个、三极管 9013 1 个、ϕ3 发光二极管 1 个。

三、实验方法与准备

焊接训练 PCB 板如图 E1.2 所示。

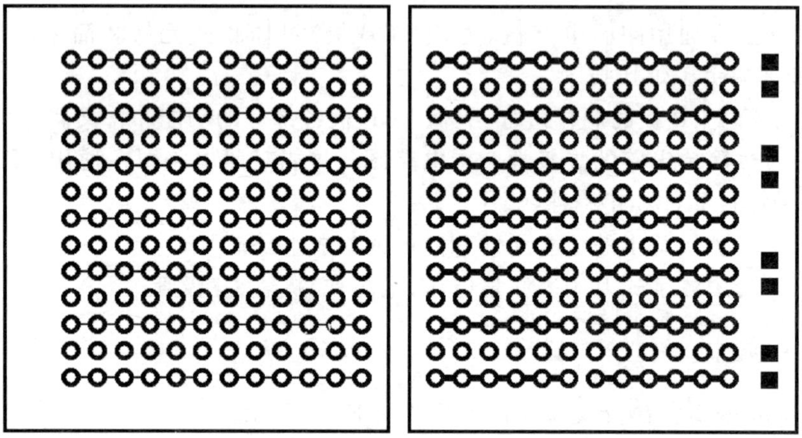

(a) 元件面　　　　(b) 焊接面

图 E1.2 焊接训练 PCB 板

1. 了解 PCB 板的制作过程，弄懂 PCB 板上的点、线、面、层、字符的功能和含义。

2. 辨认普通的小功率碳膜电阻、独石电容(无极性)、电解电容(有极性)、二极管、三极管和它们的外引线极性，辨认简单的集成电路芯片及其管脚排序方式。

3. 记录实验中“直接标注法”和“色码标志法”小功率碳膜电阻的标称值，用数字式万用表测量电阻并和标称值进行比较。

4. 记录实验中电解电容(直接标注法)和独石电容(数码表示法)的标称值(各两个)。

5. 将电烙铁插头插入实验桌电源插座，加热电烙铁。电源位置的选择应以电源线不影响焊接操作为准。

6. 对要焊接的插脚式元件的外引线进行去氧化层、镀锡处理(如果是插脚没有氧化的新元件，则不需要做此处理)，并根据焊点的距离将元器件插脚定型。

7. 按焊接技术要求将元件焊接到 PCB 板上，注意各元件位置和它们的标志朝向要有一致性，以方便辨读。焊接完成后用斜口钳将多余的外引线剪除。

四、实验内容

1. 焊点训练

在通用 PCB 板上首先焊接电阻、电容各两个。

焊接时我们应注意握拿电烙铁的姿势和焊丝拿法，电烙铁头给 PCB 板焊盘和元件管脚要同时加温，要边加温边给锡，要控制好给锡量，不要抹焊，要让它自行流满焊盘，焊点饱满而不多，焊点光亮而没有沙眼气孔，不能有虚焊，不能有裂纹，也不能有桥接和拉尖，更不能有短路。良好的焊点的结合面要显弯月形，如图 E1.3 所示。

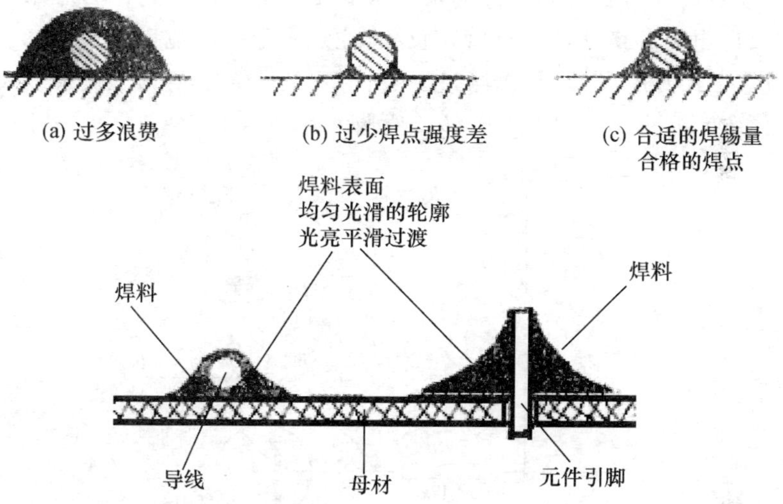

图 E1.3　焊点

2. 电路焊接

在通用 PCB 板上焊一个信号指示电路，电路原理图如图 E1.4 所示。指示灯为发光二极管 D_2，当开关 K_1 合上时发光二极管 D_2 被点亮，当开关 K_1 断开时发光二极管 D_2 熄灭。当 a 点为 10 V 左右电平时发光二极管 D_2 被点亮，当 a 点为 0 V 或小于 0 V 电平时发光二极管 D_2 熄灭。如果 a 点是一个高电平为 10 V，低电平为 0 V 宽度均为 1 秒的连续方波信号时，发光二极管就会间隔 1 秒地闪亮，此电路可以用做信号指示电路。

E1.4 中 $V_{cc}=10$ V。NPN 型三极管 Q_1 9013 做开关用，工作在截止区或饱和区。当开关 K_1 合上或当 a 点为 10 V 左右电平时三极管导通，发光二极管 D_2 点亮，当开关 K_1 断开或当 a 点为 0 V 或小于 0 V 电平时三极管关断，发光二极管 D_2 熄灭。R_1 为三极管基极限流电阻。D_1 IN4148 是三极管 b、e 结的反向保护二极管，R_2 为发光二极管的限流电阻，选择 R_2 电阻阻值使 Q_1 三极管导通时流过发光二极管的电流为 3～5 mA，发光二极管即可正常发光（晶体二极管，三极管的技术特性请阅读本书第一章中的介绍）。

(1) 用数字式万用表测量电压、电阻、二极管、三极管。

① 用数字式万用表电压挡测出实验桌上的直流稳压电源电压调节范围，然后将其电压调至 10 V，注意万用表电压挡位。

② 用数字式万用表电阻挡测出（找出）电路原理图中的 R_1 和 R_2 的阻值，并和色码标志法得到的结果比较，注意要正确置换万用表的档位（阻值色码标志法见本书中第一章的介绍）。

③ 用数字式万用表二极管挡测量二极管 D_1 和发光二极管 D_2。测量其正向电阻和反向电阻并辨认出二极管正负极，注意表笔的电池正负。

④ 用数字式万用表 HFE 挡测量三极管 Q_1 的 β 值（β 值为三极管放大倍数，测量时注意 PNP，NPN 三极管的 e、b、c 管脚）。

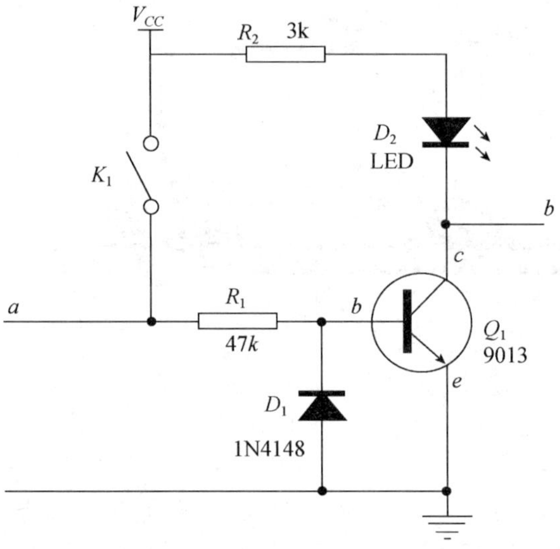

图 E1.4 电路原理图

(2) 按照原理图焊接电路。

① 给元器件镀锡（正确掌握镀锡方法）。

② 给电阻、二极管弯腿，电阻、二极管为卧焊；元件中心轴距离 PCB 板约 5 mm 高，发光二极管和三极管为立焊，如图 E1.5 所示。

③ 焊接前对照电路图在印刷电路板（通用 PCB 板）上合理布局元器件。

④ 焊接完成后要求元器件排列整齐漂亮，适当设计以减短连线，还要便于测试。

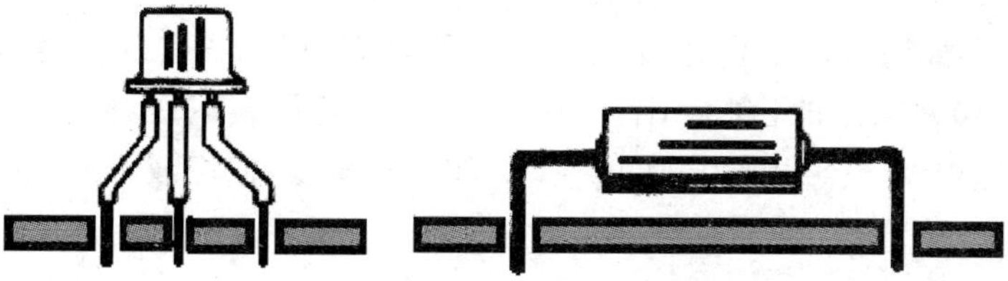

图 1.5　元器件卧焊和立焊示意图

⑤ 元器件焊后经检查焊点合格后方可焊接连接线。

⑥ 管腿间的连线近距离可用裸铜线连接，远距离或跨越其他焊点时要用带有塑料皮的导线连接，以免造成短路。

⑦ 学会塑料皮导线的剥线，剥线后要镀锡，镀锡后用扁嘴钳剪去多余裸线，只露 1～2 mm 裸铜线即可，过长会造成短路。

⑧ 开关 K_1 用导线代替。

⑨ 电源 $V_{cc}=10$ V 处焊接一根红导线，地线则用黑导线，长度均为 100 mm 左右。另一头剥出 15 mm 左右裸铜线，用于连接直流稳压电源输出。两电源线的引出目的是避免连接点过近，以免造成直流稳压电源在用夹子连接时短路。

(3) 电路调试。

① 用数字式万用表的蜂鸣器挡位对照电路图检查各元器件间连通是否正确，检查各元器件阻值、管腿、正负极是否焊对；检查是否有短路；特别注意检查电源 V_{cc} 和信号地间是否有短路。检查电路焊接无误后方可加电调试。

② 电路检查无误后加电压 $V_{cc}=10$ V，如果电路焊接正确，合上 K_1 开关，发光二极管应被点亮，断开 K_1 开关，发光二极管就熄灭，说明电路焊接正确。

③ 在老师帮助下(因仪器的使用将在实验四学习)设置信号源输出。(选做)

a 信号源输出频率 $f=1$ Hz，$V_{pp}=5$ V，offset＝2.5 V 的连续信号加于电路 a 点。发光二极管就会按照间隔 1 秒不停地闪亮。

b 改变输出频率观察发光二极管的闪烁频率变化。

c 输出的频率逐渐调高，测出频率大于等于多少 Hz 时，发光二极管将长亮。

d 故障判别与处理：如 a、b 的操作不能点亮发光二极管，说明所焊电路有故障。需要马上进行故障判别与处理。以下是处理方法：

步骤一：检查稳压电源是否已短路报警，如有报警首先断开电源，排除短路点。

步骤二：检查 R_2、D_2 是否焊接正确，V_{cc} 不变，将稳压电源地线移至 b 点，发光二极管应点亮，否则可能是 R_2 阻值过大，或是发光二极管正负极焊反，或是发光二极管击穿，或是电路有开路。

步骤三：如通过以上操作发光二极管能点亮，说明 R_2、D_2 焊接正确，将稳压电源地线移回信号地，合上 K_1 开关，用数字式万用表电压挡测 b 点电位应为 0 V，断开 K_1 开关 b 点电位应为 10 V，否则三极管 Q_1 损坏或 R_1 阻值过大，或电路是开路。

五、安全

1. 小心不要把手触摸到加热中的电烙铁头，以免烫伤皮肤。

2. 特别注意不要让加热中的电烙铁碰到或烫烧到电烙铁自身的 220 V 电源线上，以免发生短路跳闸和触电的人身安全事故。

3. 每次来实验室使用电烙铁前，均要检查电烙铁自身的 220 V 电源线外皮是否有被烫烧露出内导线。若发现露出内导线或被烫烧厉害的不要再插电使用，要立即进行处理。

六、思考题

1. 如何认识焊接质量在电子工程技术中的重要性？

2. 通过本实验说出保证焊接质量的技术要领有哪些？

3. 加到所焊电路输入端 a 点的频率大于等于多少 Hz 时发光二极管长亮，能说是三极管 Q_1 此时只工作在饱和区吗？

实验二　焊接技术训练

一、实验目的

1. 学习焊接技术，熟悉焊接方法。
2. 进行有一定难度的焊接练习，提高解决实际焊接问题的能力。
3. 学习贴片元件、其他复杂元器件、异型元器件的焊接。

二、实验器材

1. 焊接用粗单股铜线、贴片元件 2 个、PCB 板一块。
2. 电烙铁一把、实验工具一套。
3. 万用表。

三、实验方法

手工焊接是电子线路实验中最基本的技术，经常要使用。在实际工作和实验中，我们会遇到各种不同的焊接问题。除了实验一焊接中遇到的插脚式元器件以外，我们会越来越多地碰到贴片式元器件。相对于插脚式分立器件，贴片式元器件焊接难度要大一些。由于器件更小巧，焊脚的距离很近、密度大，对于初学者来说确实是比较难的。另外，一些实验中使用的异型元器件，以及一些非标准的封装、连接和实验电路，经常需要我们做一些特殊的或难度较大的焊接。

当一个焊点有三个或三个以上需要焊接的部分时，在这个点将可能需要两次以上焊接。也就在先将两个需要焊接的部分焊接好以后，还需要再焊接第三部分。但这时很容易将先前已经焊接好的部分破坏。这时更快捷和正确的焊接显得尤为重要。一般情况下，给焊接部件上锡是很好的办法，这样会使焊接速度加快，并获得好的焊接质量。在焊接金属框时，给焊接部位先上好锡，这对于我们获得好的焊接效果是很有帮助的。上锡的具体操作方法是，将焊接部位放在松香或其他助焊剂中，然后用电烙铁将焊锡均匀地涂在相应部位。上好锡的部位将会呈现银白色，有一个很薄的均匀焊锡层。

对于集成电路和贴片器件的焊接，主要困难在于焊点较小，因而不好操作。有时焊点很密，容易出现焊接短路。在焊接这些元器件时需要比较熟练的技术，多练习就会掌握技巧。初学者需要注意的是，此类元器件一般是焊接在 PCB 板上，而 PCB 板的焊点一般经过上锡处理，而其他部位则被阻焊剂覆盖。这给焊接，特别是自动焊接提供了方便。当进行手工焊接时，要充分考虑到这些特性。焊接时针对不同的焊点选择合适的烙铁头和温度，经过实践就可以获得很好的焊接效果。例如在焊接有很多很密的管脚集成电路时，一般只要控制好焊锡量，处理好焊接点，选用合适的烙铁头，在一侧管脚上一压，就可以将这一侧管脚焊好。手工焊接是一项需要实践练习才能够掌握的技术，它是我们进行电路研究的最基本的技术，希望同学们充分利用条件，主动地学习、思考和总结经验，掌握好这门技术。

四、实验内容

1. 单股硬导线用斜口钳等分为 12 段，每段长约 5 厘米；将小段硬导线除去绝缘层、镀锡；将 12 段硬导线焊接成一个如图 E2.1(a) 所示的立方体形状，焊接点要求如图 E2.1(b)所示。焊接点外观要求光滑、平整、连接牢固。图 E2.2 中的(a)、(b)、(c)分别给出了一个合格焊点、焊接位置不对、焊锡过多的示意图。具体焊接方法和标准参见本教材第二章焊接技术简介。

2. 贴片电阻和电容的焊接，贴片电阻电容的焊接与插脚器件不同，由于元件、引脚和焊盘都很小，焊接有一定难度。经过长期的反复实践，人们总结出了很多实用的焊接方法，同学们也可以通过实验总结适合自己的焊接方法。这里介绍一种常用的焊接技巧：首先给要焊接的焊盘上适量的焊锡，然后用镊子将元件放在焊接位置，用烙铁轻压焊脚，就可达到满意的焊接效果，如图 E2.3 所示。

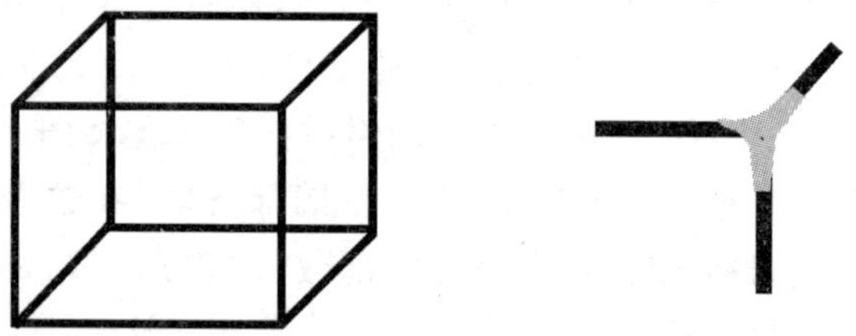

(a) 焊接立方框　　(b) 焊接点

图 E2.1　金属框焊接示意图

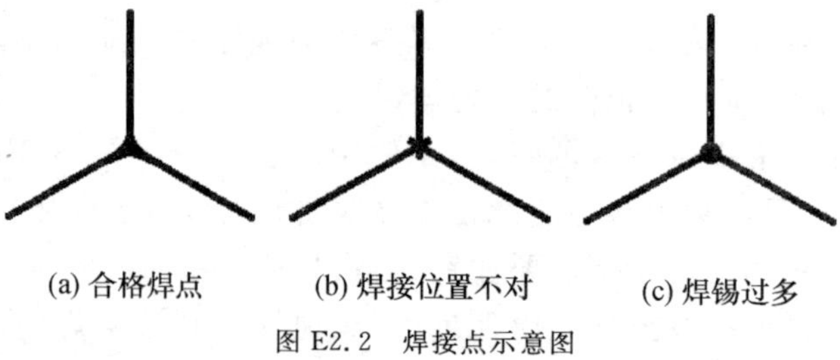

(a) 合格焊点　　(b) 焊接位置不对　　(c) 焊锡过多

图 E2.2　焊接点示意图

3. 将焊好的电阻拆下，然后再焊接，反复练习。体会拆卸和焊接的方法和技巧。

4. 在立方框的基础上，学习四根导线焊接于一点的技术。从立方框同一面的四个点分别焊出一根导线，然后将四根导线的另一端焊接在一起，形成一个顶端。（选做）

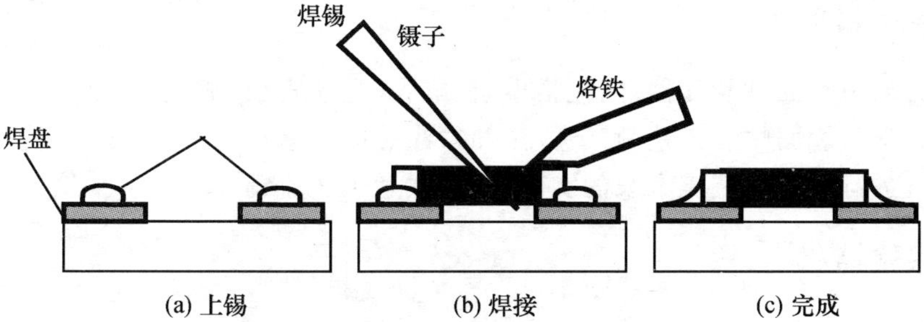

图 E2.3　贴片元件焊接示意图

五、思考题

1. 怎样给焊接部位上锡？它的作用是什么？
2. 焊接微小型的贴片元器件，是不是烙铁头越尖越细就越好？
3. 你是怎样检验焊点质量的？为什么？

实验三　表面贴装流水线工艺

一、实验目的

1. 认识表面贴装元器件，包括电阻、电容、晶体管、集成电路等等。
2. 学习表面贴装工艺、贴装方法和须注意的问题。
3. 进行表面贴装流水线的实际操作，熟悉工艺流程。

二、实验器材

表面贴装流水线、元器件、再流焊炉。

三、实验原理

随着电子产品应用领域的快速拓展，电路整体和元器件的小型化越来越受到重视，成为电子产品发展的重要方向。为了适应电子设备的元器件及印刷电路板小型化、甚至微型化的发展趋势，元器件大多采用表面贴装元件（SMC）和表面贴装器件（SMD），SMC/SMD 与 PCB 的连接必须采用表面贴装技术（Surface Mounting Technology，SMT）。当今，SMC、SMD 已占元器件的主导地位，如 2000 年全球 SMIC（表面贴装 IC）产量占 IC 总产量的 98.2%，今后将继续呈上升趋势。与传统的插装工艺及引脚元件相比，采用 SMT 技术和表面贴装元件可以大大减小电子产品的体积，同时提高成品率和可靠性及抗干扰能力等。SMT 已经发展成为现代电子产品生产的主流技术。

目前，SMC/SMD 和 PCB 一直处于不断的小型化进程中，SMC 小型化的发展趋势是从 0805→0603→0402→0201，片状元件及其封装的大小正在变得更小。当前我们较常用的是 0603 包装形式（边长：1.5 mm×0.75 mm）。0402 贴片（边长：1.0 mm×0.5 mm）的应用也越来越普遍。0201 元件则更小（边长：0.5 mm×0.25 mm）。我们实验中手工贴装采用 0603 的元件。

现在专业加工中，SMT 主要生产设备包括印刷机、点胶机、贴装机、再流焊炉和波峰焊机。辅助设备包括检测设备、返修设备、清洗设备、干燥设备和物料存储设备等。SMC/SMD 靠 SMT 贴装机把它们贴装在 PCB 板上。我们的实验中则采用手工贴装。

表面贴装元器件的焊接有两种常用的方式，如图 E3.1 和图 E3.2 所示。

1. 波峰焊

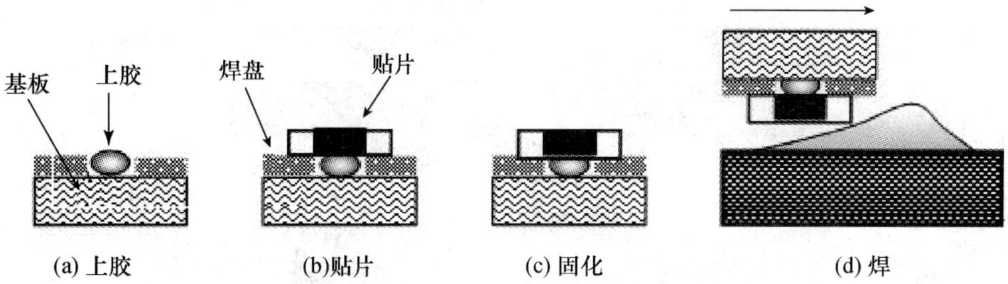

图 E3.1 波峰焊(SMT 焊接工艺 1)

2. 再流焊

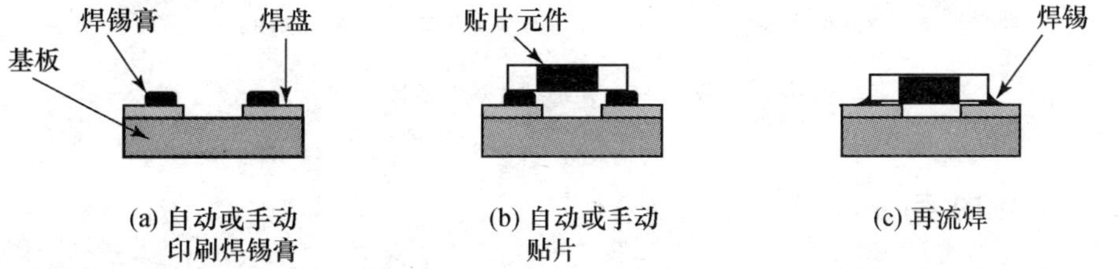

图 E3.2 再流焊(SMT)工艺

在本实验中,我们采用再流焊技术。在表面贴装配的再流焊接中,锡膏用于表面贴装元件的引脚或端子与焊盘之间的连接。首先由教师用模板将焊锡膏印刷在需要的焊盘上。做实验的学生则根据自己所在工位,将相应的元器件贴在正确位置。注意要将元器件的焊接引脚,贴在所对应焊盘的焊锡膏上,并注意位置方向和用力大小。所有工件经过所有工位完成全部贴片后,由各对应工位同学负责检查。包括贴片是否正确,有无错贴和漏贴,位置是否正确,用镊子矫正不合格的贴片。检查完成后由教师统一放入再流焊炉。经再流焊炉加热,融化焊锡膏,实现元器件的焊接。

焊接完成后,电路板发给每个同学。同学们在拿到焊好的电路板以后,首先检查焊接情况,可以通过对焊点的观察判断焊接质量是否合格,如图 E3.3 所示。对不合格的情况,应该手工进行修正。

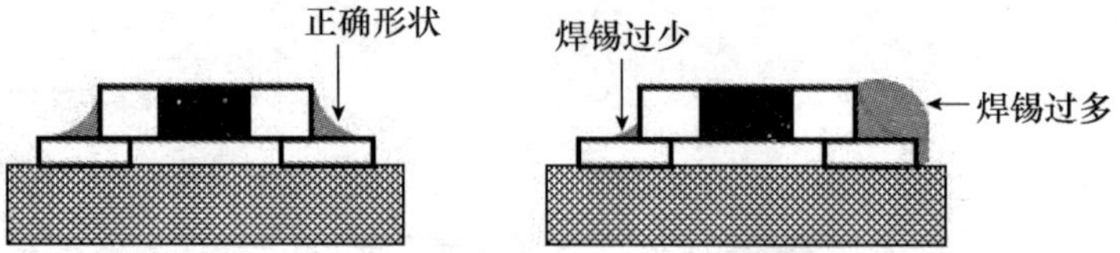

(a) 合格 (b) 不合格

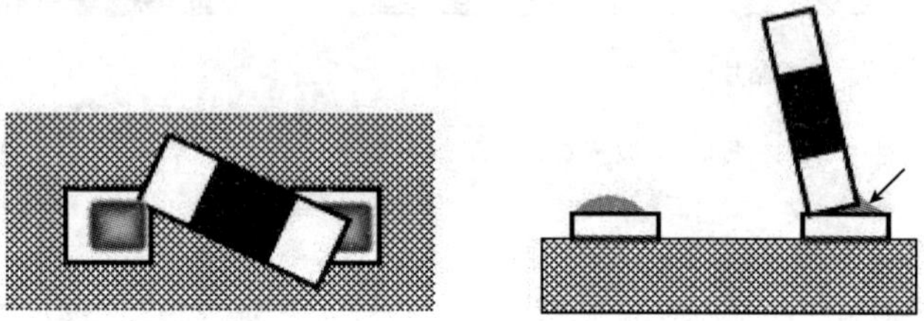
(c) 偏离焊盘 (d) 应力不均使元件一端翘起

图 E3.3 矩形贴片焊点形状

四、实验内容

首先认识表面贴装元器件，观察它们的外型结构、焊脚和封装形式，认识电阻、电容、三极管、集成电路。观察和认识电路板上的焊盘、焊锡膏，学习贴装工艺。本实验是流水线作业，每一个同学负责一个工位的器件贴装。任何个人的失误都可能导致整个工件报废。每个同学必须认真负责，仔细阅读并严格遵守操作规程。

图 E3.4 为实验中使用的 PCB 板图(由清华大学基础工业训练中心提供)。到达工位后，首先要认真阅读 PCB 板的安装图，看懂并弄清自己所负责安装的元器件的位置和焊盘。注意不要用手随便接触工件，以免碰坏表面的焊锡膏。未经加热的焊锡膏呈灰色膏状，有一定粘性，通过铜或钢制模板印刷在需要焊接的焊盘位置。安装时首先把待焊接的元器件用镊子摆放在正确位置，焊脚对准焊盘和焊锡膏的位置，确认摆放正确后，稍微加力轻压，使元件粘在焊锡膏上，整个过程严格按照操作规程进行。

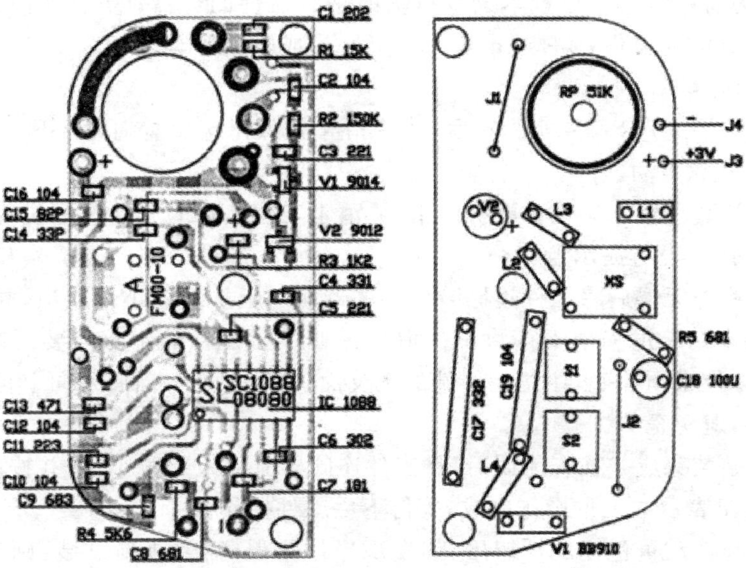

(a) SMT贴片　　(b) THT安装

图 E3.4　PCB 板安装图

五、表面贴装流水线操作规程

1. 流水线的组成(如图 E3.5)

(1) 传输线：传输线的功能是将所要贴装的工件传输到每一个工位。传输线上有 14 个工件装载小车，对应 14 个工位。整个传输系统由可编程控制器——PLC 控制，将工件依次传送到每个工位。

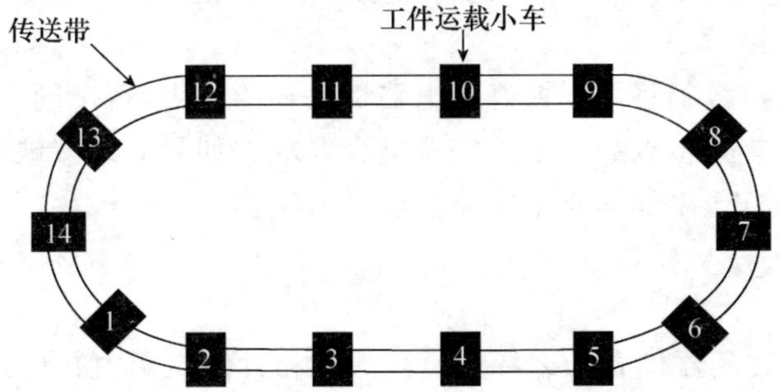

图 E3.5　表面贴装流水线

(2) 流水线工位：① 实验室流水线共有 14 个工位，工位前为传输线；② 进行贴装操作时，工件装载小车停在每个工位前；③ 每个工位有镊子一把作为贴装工具,另有一至两个放置本工位负责的贴装器件的容器;④ 容器内放置本工位负责贴装的元器件:电阻、电容、晶体管、集成电路等等。

2. 操作规程

(1) 学生进入 SMT 实验室后,请按指导教师指定位置对号入座,未经教师允许不得随意走动。

(2) 认真读懂本工位装配提示卡,弄清本工位负责的元件装配位置,检查容器中的元件是否与提示卡相符。

(3) 检查无误后将工件连同装工件的器皿一起从装载小车取出,开始贴装,注意在整个贴装过程中不得将工件取出器皿。元器件的焊接点要对准相应焊盘,贴装方位必须正确,注意元器件的正反面,有标识的一面必须向上;贴装时要对正部位,避免歪斜。

(4) 贴装完成并检查无误后,将工件连同器皿放入装载小车,并按前上方黄色完成按钮表示本工位操作完成,等待下一工件操作。

(5) 在按动黄色完成按钮后,如发现操作错误,需要重新贴装,则需再按下黄色完成按钮并持续 3 秒钟以上,系统将取消先前的完成信息。本工位将可重复(3)、(4)的操作。

(6) 14 个工位全体完成后,蜂鸣器响提示音,红色信号灯闪烁,装载小车向下一个工位前进。此过程中不得再触动工件。

(7) 小车运行到位后,绿色指示灯亮,各工位可以进行下一个工件的操作。

(8) 工件经 14 个工位全部贴装完成后,整个装配工作结束。

在贴装完成后,每个工位负责检查最后到达本工位的电路板,首先观察有无漏贴,或摆放位置是否正确。如果漏贴,需要报告指导教师,并请相应工位同学补贴。对于装贴歪斜或传送中出现移位的,可以用镊子进行修正,以保证焊接质量。检查完成后,根据指导教师的安排,顺序将贴好的电路板交给教师,放入再流焊炉,加热焊接。

焊接完成后,教师将把焊接好的电路板发还给学生,每个同学在拿到焊接好的电路板后,应首先检查焊接是否完全符合要求。如果有焊接缺陷,可以在教师的指导下进行修正,以保证整个电路能够正常工作。

六、思考题

1. 表面贴装元器件有什么特点?在焊接和具体应用中有什么优越性?
2. 元器件贴装时应注意哪些问题?
3. 表面贴装电路焊接容易出现哪些问题?应怎样检验和处理?

实验四　简单电路测量和仪器使用

一、实验目的

1. 学会使用数字式万用表测量直流电压、交流电压、电阻等。
2. 简单了解直流稳压电源、信号发生器及示波器的工作原理。
3. 学会使用直流稳压电源、信号发生器及示波器，正确掌握其测量方法。

二、实验器材

1. 数字式万用表、电容表。
2. 直流稳压电源、HP/Tek 信号发生器、HP/Tek 示波器。
3. 电烙铁一把、实验电路板一块。
4. 两个 1 kΩ 电阻，两个 100 kΩ 电阻，排电阻一个。

三、实验内容与步骤

1. 用数字式万用表测电阻和用数码表示法辨认电阻电容的阻值容量

(1) 用数字式万用表测量 1 kΩ 和 100 kΩ 的色码电阻，并与色标法核对，熟悉色码电阻的读法。关于色码标志法，请见本书第一章电子元器件部分。

(2) 用数码表示法辨认排电阻的阻值、电容的容量，并用万用表和电容表核对。

① 辨认排电阻贴片电阻或电位器的阻值

473	102	503	153	104	502	222
kΩ	kΩ	kΩ	kΩ	kΩ	kΩ	kΩ

② 辨认电容的容量标称值

10n	2n2	104	474	220n	223	1n2
μf	pf	μf	μf	μf	μf	pf

2. 用数字式万用表测量直流电压

(1) 首先熟悉双路直流稳压电源各旋钮、按键的用途。将实验桌上的双路直流稳压电源分别设置为 5 V、10 V。

(2) 用数字式万用表不同档位测量稳压电源输出电压(注意直读误差)。记录测量结果，分析不同挡位测量引起的误差。

(3) 用数字式万用表测量图 E4.1 中 V_A，V_B，V_{AB}点直流电压。

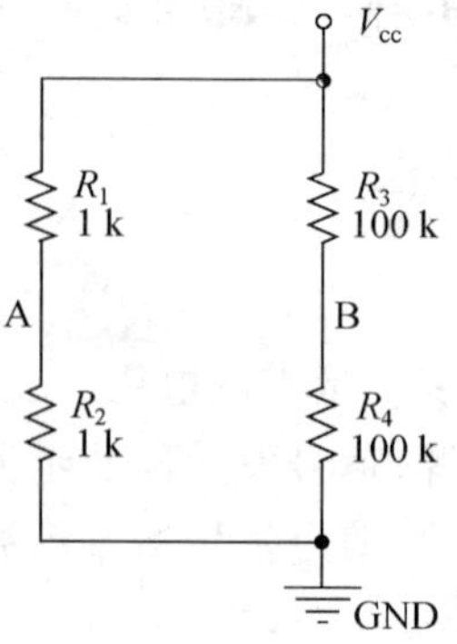

图 E4.1 简单电路焊接图

具体步骤为：

步骤一，将两对电阻 R_1，R_2，R_3，R_4 按照图 E4.1 焊接在 PCB 板上；

步骤二，调直流稳压电源为 9 V，加到 V_{cc}与 GND 上；

步骤三，用数字式万用表测量 V_A，V_B，V_{AB}点的直流电压，分析结果。这里注意测得的直流电压为平均值，以及万用表内阻对测得结果的影响。

(4) 如错用交流电压挡测量直流电压，会造成什么结果？

(5) 用 50 V 交流电压挡测量稳压电源输出(直流电压 10 V)，分析结果。

3. 用数字式万用表测量信号发生器交流电压信号

(1) 调信号发生器的正弦信号为

① 频率＝50 Hz，V_{pp}＝10 V，offset＝0 V；

② 频率＝50 Hz，V_{pp}＝5 V，offset＝0 V；

用数字式万用表测出信号发生器交流电压信号，同时用示波器监视信号发生器输出波形。注意：这里测得的交流电压为有效值；测量时，先将万用表拨到交流电压最大测量量程，测量信号发生器输出电压，渐向低压挡改变量程，直到读数与量程合适，读出电压值。

(2) 测万用表的频率特性，调信号发生器正弦信号 V_{pp}＝5 V，offset＝0 V，频率从 1 Hz 逐渐调至 10 kHz(用示波器监视)，注意万用表读数的变化。分析数字式万用表的频率特性。

4. 示波器与函数信号发生器的使用

(1) 练习使用信号发生器和示波器的基本操作：

① 按照附录，熟悉函数信号发生器上各个按钮的功能，练习信号的设置方法。

② 按照附录，练习示波器的基本操作。

(2) 示波器的使用，将示波器的电源打开，两个通道同时接示波器上的校准信号(Tek=1.2 kHz，HP=1 kHz，5 V 零电平=0 V)，并画出波形图。

① 用自动方式观测校准信号，熟悉示波器上各个按钮的功能，完成以下参数测量：

V_{pp}（峰峰值）	Varg（平均值）	Vrms（有效值）	Vmax（最大值）
Vmin（最小值）	Vtop（顶点）	Vbase（谷点）	Freg（频率）
Period（周期）	Dutycyc（占空比）	+Width（+宽度）	−Width（−宽度）
Risetime（上升沿）	Falltime（下降沿）		

② 用手动方式 Autocale 键，配合 V/格，Time/格钮对以下参数重新测量：

V_{pp}	V_{min}	+Width	−Width	Period	Freg	Risetime	Falltime

③ 用 Cursor 游标(光标)法，对以上②参数内容再次测量，并比较结果。

(3) 函数信号发生器的使用，熟悉函数信号发生器上各个按钮的功能，用示波器观测函数信号发生器输出并画出波形图。

① 函数信号发生器输出为正弦信号，$F=25$ kHz，$V_{pp}=200$ mV，offset=0 V。

② 函数信号发生器输出为方波信号，$F=20$ kHz，$V_{pp}=5$ V(高电平=5 V，低电平=0 V)。

a. 占空比=20%　　b. 占空比=40%　　c. 占空比=80%

③ 函数信号发生器输出为三角波信号，频率、幅度自定。

④ 函数信号发生器输出为锯齿波信号，频率、幅度自定。

⑤ 函数信号发生器输出为脉冲幅度为 3 V，脉宽为 20 μs 的单脉冲，用示波器如何观测单脉冲。注意：因函数信号发生器输出阻抗为 50 Ω，输出幅度应调为$\frac{1}{2}V_{pp}$，示波器测得电压峰峰值才等于函数信号发生器设置输出幅度 V_{pp} 值。

四、思考题

1. 为什么用万用表直流电压挡测量交流电压是错误的？

2. 示波器的探头上×1 和×10 开关应与示波器上哪个参数设置要一致？如设置不一致，则观测结果会怎样？

3. 在示波器的使用中如何正确使用上升沿触发和下降沿触发？

实验五　RC 串并联网络的相频和幅频特性测试

一、实验目的

1. 熟练掌握万用表、直流稳压电源、信号发生器、示波器的使用。
2. 了解 RC 串并联电路相频、幅频特性的测试方法。
3. 熟悉所用元器件，学会按电路图在实验板 PCB 上焊接元件。
4. 学会画波形图。

二、实验器材

1. 数字式万用表、电容表。
2. 直流稳压电源 、信号发生器、示波器。
3. 电烙铁一把、实验电路板一块。
4. 两个 1.6 kΩ 电阻、两个 100 nF 电容。

三、实验原理

RC 串并联电路如图 E5.1 所示。

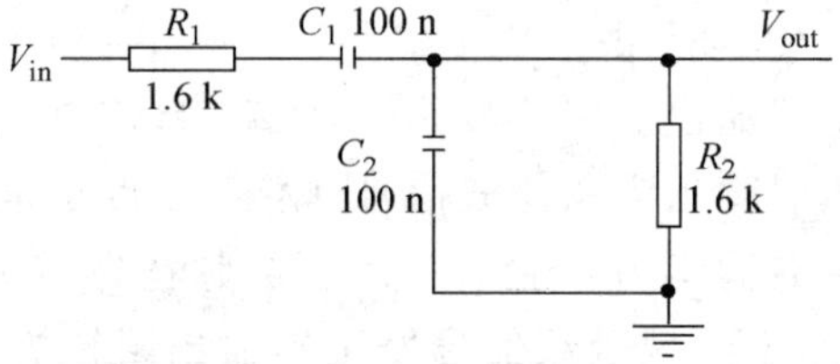

图 E5.1　RC 串并联电路

设 R_1 和 C_1 的串联阻抗为 Z_1，R_2 和 C_2 的并联阻抗为 Z_2，则

$$Z_1 = R_1 + \frac{1}{j\omega C_1}$$

$$Z_2 = R_2 /\!/ \frac{1}{j\omega C_2} = \frac{R_2}{j\omega R_2 C_2}$$

我们可以得到传输系数为

$$F(j\omega) = \frac{V_2}{V_1} = \frac{Z_2}{Z_1 + Z_2} = \left[\left(1 + \frac{R_1}{R_2} + \frac{C_2}{C_1}\right) + j\omega\left(R_1 C_2 - \frac{1}{\omega^2 R_2 C_1}\right)\right]^{-1}$$

取 $R_1=R_2=R$，$C_1=C_2=C$，则

$$F(\mathrm{j}\omega)=\frac{1}{3+\mathrm{j}(\omega/\omega_0-\omega_0/\omega)}$$

其中
$$\omega_0=\frac{1}{RC}=2\pi f_0$$

那么幅频特性：
$$H(f)=\frac{1}{\sqrt{9+(f/f_0-f_0/f)^2}}$$

相频特性：
$$\phi(f)=-\mathrm{tg}^{-1}\frac{(f/f_0-f_0/f)}{3}$$

它们的曲线分别如图 E5.2 和图 E5.3 所示。

图 E5.2　幅频特性曲线

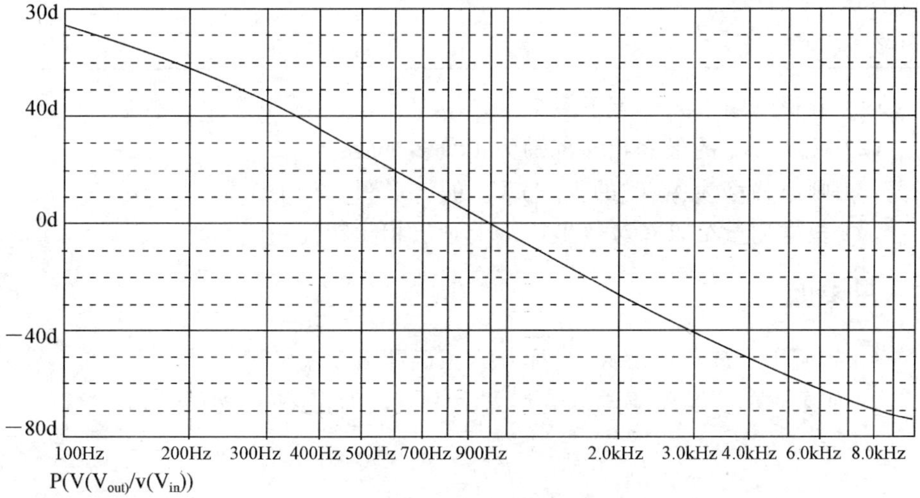

图 E5.3　相频特性曲线

由图可见，*RC* 串并联网络确实具有选频特性。在 $f=f_0$ 处，传输系数最大，其值为 1/3，而最大移相范围为 ±90°，当 $f=f_0$ 时，移相为零（著名的文氏桥振荡器就是应用此特性制作的）。*RC* 串并联网络原理在模拟电路课中要讲，这里同学们只要知道原理和结论就可以了。

四、实验内容与步骤

1. 按图 E5.1 在 PCB 板焊好电路，并检查是否正确。

2. 设置信号发生器为正弦波输出，$V_{pp}=6$ V（峰峰值），offset＝0 V，加于 V_{in} 点。示波器 CH_2 接 V_{in}，CH_1 接 V_{out}，设 CH_2 为触发同步。

3. 幅频特性测试：保持正弦波输出 $V_{pp}=6$ V 不变，改变输入频率 $F_{in}=$ 100 Hz～10 kHz，测量出 V_{out} 随 F_{in} 的变化（注意多测几个数据）。

F_{in}	100 Hz	200 Hz	…	…	…	1 kHz	…	…	…	…	10 kHz
V_{out}											

（1）根据数据分析，输入频率为多少 Hz 时，V_{out} 与 V_{in} 的比值最大，最大值为多少？

（2）画出 V_{in} 与 V_{out} 的波形图。

（3）根据测量结果在对数坐标纸上画出幅频特性曲线图。

4. 相频特性测试：保持正弦波输入 $V_{pp}=6$ V 不变，改变输入频率 $F_{in}=$ 100 Hz～10 kHz，测量出随输入频率的变化，输出 V_{out} 相对于输入 V_{in} 的相位移动（多测几个数据）。

F_{in}	100Hz	200Hz		…	1kHz	…	…	…	10kHz
V_{in} 与 V_{out} 相移角度									

（1）分析当输入频率等于多少 Hz 时，V_{out} 与 V_{in} 的相移等于零度。

（2）V_{out} 与 V_{in} 的最大相移范围为正负多少度？

（3）画出相移为 45°时的 V_{in} 与 V_{out} 的波形图。

（4）根据测量结果在对数坐标纸上画出相频特性曲线图。

五、思考题

1. 如何用示波器的游标（光标）法，正确测量 V_{out} 与 V_{in} 的相移？

2. 如果你的实验结果与理论误差太大或较大，分析可能的影响？

实验六　交流电桥测量电容及电感

一、实验目的

1. 了解交流电桥的原理及特性；
2. 学习利用交流电桥测量电感电容的方法。
3. 学习 LCR 数字电桥的使用。

二、实验器材

电源(用信号发生器)、万用表、可变电阻器，标准电容、电感、待测电容、电感若干，LCR 数字电桥。

三、实验原理

交流电桥的构造如图 E6.1 所示。其中电源采用正弦信号，电桥四个臂的阻抗为 Z_1、Z_2、Z_3、Z_4，可以用电阻、电容、电感或它们的组合，电桥达到平衡的条件是

$$\begin{aligned} I_1 Z_1 &= I_3 Z_3 \\ I_2 Z_2 &= I_4 Z_4 \\ I_1 &= I_2 \\ I_3 &= I_4 \end{aligned} \tag{1}$$

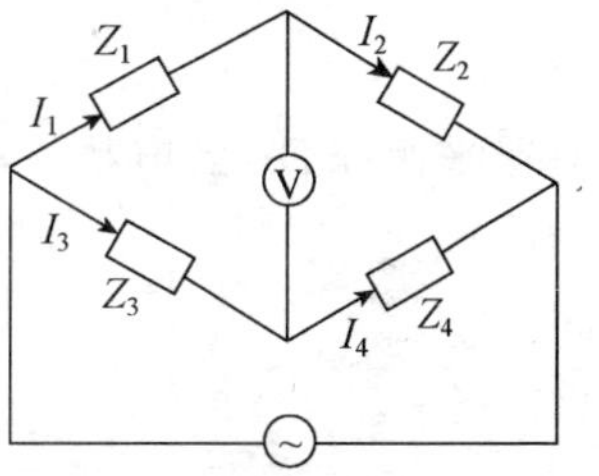

图 E6.1　交流电桥示意图

消去上述各式中的电流变量得

$$Z_1 Z_4 = Z_2 Z_3 \tag{2}$$

在正弦交流电源驱动下，阻抗用复数表示 $Z_n = |Z_n| e^{i\varphi n}$，$n = 1,2,3,4$。在 LRC 电路中，电感、电阻和电容的阻抗分别表示为

$$\begin{aligned} Z_L &= \omega L e^{i\left(\frac{\pi}{2}+\varphi_o\right)} = i\omega L e^{i\varphi_o} \\ Z_R &= R e^{i\varphi_o} \\ Z_C &= \frac{1}{\omega C} e^{i\left(-\frac{\pi}{2}+\varphi_o\right)} = \frac{1}{i\omega C} e^{i\varphi_o} \end{aligned} \tag{3}$$

因此，交流电桥的平衡条件可以分别写成阻抗摸和阻抗角条件

$$|Z_1 Z_4| = |Z_2 Z_3| \tag{4}$$

$$\varphi_1 + \varphi_4 = \varphi_2 + \varphi_3 \tag{5}$$

此条件显示交流电桥异于直流电桥的两个特点：首先，条件有两项，因此，需

要两个可调参数才能使电桥平衡;其次,阻抗的多样性可以组成各具特色的电桥,但并不是所有电桥都能同时满足(4)、(5)二式而达到平衡。平衡的检验常用毫伏计或耳机。我们的实验中采用示波器检测电桥的平衡。

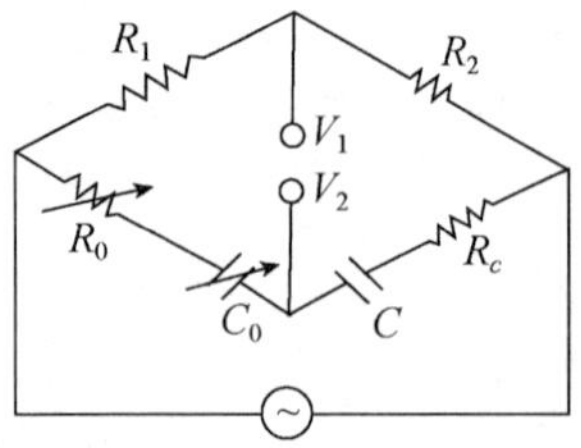

图 E6.2 电容测量

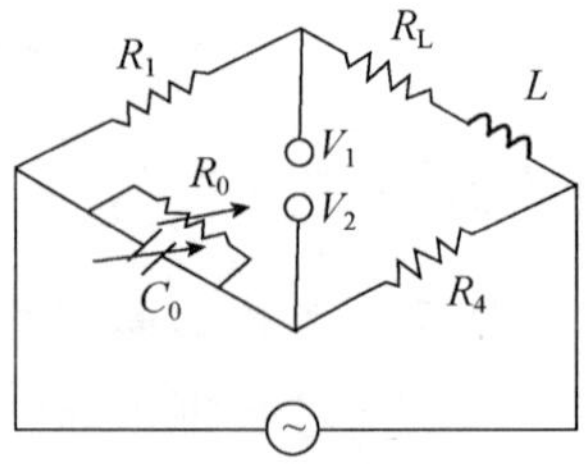

图 E6.3 电感测量

图 E6.2 为使用交流电桥测量电容时常用的典型电路,其中 R_1、R_2 为纯电阻,C_0 为可调标准电容,C 为待测电容,R_c 为电容的内阻。由于标准电容内阻较低,电路中需要串接可变电阻 R_0 以便满足平衡条件。与图一比较可得:

$$\begin{aligned} Z_1 &= R_1 \\ Z_2 &= R_2 \\ Z_3 &= R_o + \frac{1}{\mathrm{i}\omega C_0} \\ Z_4 &= R_c + \frac{1}{\mathrm{i}\omega C} \end{aligned} \tag{6}$$

根据平衡条件,当电桥平衡时,有:

$$\begin{aligned} C &= \frac{R_2}{R_1}C_0 \\ R_c &= \frac{R_1}{R_2}R_0 \end{aligned} \tag{7}$$

图 E6.3 为测量电感的典型线路,称为 Maxwell 电桥。其中 R_1、R_4 为纯电阻,C_0 为可调标准电容,R_0 为可变电阻,L 为待测电感,R_L 为电感的内阻,有:

$$\begin{aligned} Z_1 &= R_1 \\ Z_4 &= R_4 \\ Z_2 &= R_2 + \mathrm{i}\omega L \\ Z_3 &= \left(\frac{1}{R_0} + \mathrm{i}\omega C\right)^{-1} \end{aligned} \tag{8}$$

电桥平衡时,有:

$$\begin{aligned} L &= R_1 R_4 C_0 \\ r_L &= \frac{R_1 R_4}{R_o} \end{aligned} \tag{9}$$

四、实验步骤

1. 在 PCB 板上按图 1 焊接电路，待测电容器用插孔连接，不要焊接，以便更换。

2. 用信号发生器输出约 1 V、1 kHz 的正弦波作为交流电源，同时用示波器监测交流输入点和 V_1，V_2 点电压，观察波形和相位关系。

3. 调节可变电阻和可变电容，直到 V_1、V_2 之间电压幅度最小；

4. 用 LCR 数字电桥测量可变电容，用数字万用表测量可变电阻，得出待测电容的参数。

5. 在 PCB 板上按图 2 焊接电路，并按以上步骤测量待测电感。

6. 将数字电桥与自组桥测得的结果相比较。

注意在平衡调节时，由于交流电桥的平衡必须同时满足幅、相平衡两个条件，只有在这两个参数同时调节平衡时，才能达到最佳平衡点。因此，在实际调节中，总是先固定其一，调节另一个，找到一个趋于平衡的位置；再固定这个，调节另一个，找到一个更加趋于平衡的位置。

五、思考题

1. 本实验的误差主要来自哪些方面？

2. 要保证测量精度，LCR 数字电桥的使用中应该注意哪些问题？

实验七　晶体管放大器

一、实验目的

1. 通过实验了解晶体管的特性。

2. 练习规范的焊接组装与调试方法，练习使用测试仪器。

3. 进一步掌握示波器、信号发生器等仪器的使用。

二、实验器材

1. 直流稳压电源：HP E3620A；信号发生器：HP 33120A。

2. 数字式万用表：DT 9102；示波器：HP 54603B。

3. 电路板，电烙铁。

4. 三极管 3AX31B(PNP)；电阻 2 kΩ、75 Ω、2 kΩ、20 kΩ、10 kΩ 各 1 个；电容 0.2 μF、0.1 μF、100 μF 各 1 个。

三、实验原理

我们在晶体管的基础上，来测试具有稳定偏置的放大器。晶体管选用锗低频三极管 3AX31B(PNP)，其截止频率约为 1 MHz，$\beta>100$。

实验电路如图 E7.1 所示。

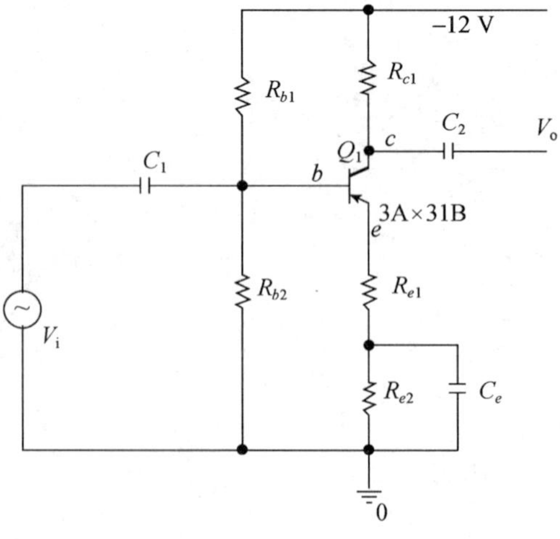

图 E7.1　实验电路图

相关参数：

(1) 输出电压峰峰值不小于 6 V；

(2) 低界频率约为 200 Hz；

(3) 电压增益为 20 倍；

(4) 晶体管的静态电流为 2 mA，其他参数值如下：

$R_c=2\,\text{k}\Omega$；$R_{e_1}=75\,\Omega$；$R_{e_2}=2\,\text{k}\Omega$；$R_{b_1}=20\,\text{k}\Omega$；$R_{b_2}=10\,\text{k}\Omega$；

$C_1=0.2\,\mu\text{F}$；$C_2=0.1\,\mu\text{F}$；$C_e=100\,\mu\text{F}$。

四、实验内容

1. 对上面所列元件的基本参数进行测量。

2. 如图 E7.1 所示在 PCB 通用板上焊接组装电路，焊接时要特别注意电解电容的极性，元器件上的字符应该安装在便于观察的方向。每一次焊接触点的时间不要过长，以免烧坏器件，同时兼顾焊点的美观，防止短路的出现。

3. 静态测试。任何电子线路在组装后皆应先作静态测试。放大器的静态测试，是指用直流电压表（万用表），测 c 极与 e 极以及有关节点对地的直流电压，判断静态工作点电压、电流是否有误，元器件是否有差错或者损坏。

(1) 首先打开电源（不接电路板），调整其输出电压为 12 V。

(2) 将电源和电路板相连，注意检查极性没有错误后，再打开电源，做静态测试。

(3) 记录测试结果，根据结果估算 β，然后利用 c，e 两极的电压来估算 β。

$$I_c \approx \beta I_b,\ I_e \approx (\beta+1)I_b$$

$$\beta \approx \frac{I_c}{I_b} = \frac{I_c}{I_e - I_c} = \frac{U_c/R_{c1}}{U_e/R_{e1}+R_{e2}+U_c/R_{c1}} = \text{代入的电阻值为测量值}$$

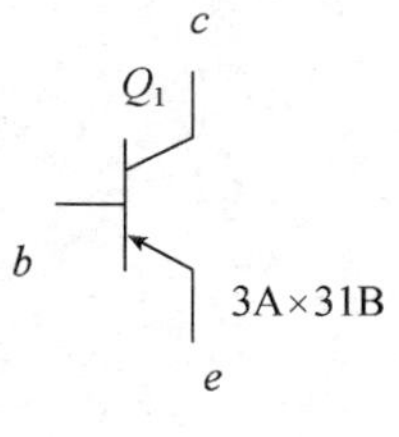

U_b	U_e	U_c	U_{b1}	U_{b2}
−3.972 V	−3.826 V	−8.528 V	8.025 V	3.975 V

4. 输入信号为方波时的输出信号观测。调节输入方波信号的幅度（峰值为 2 V），由低频到高频调节输入信号的频率，试观测并记录下列频点下输出信号波形的变化，观察什么频率下可以在几乎完全保证不失真的情况下将信号放大，而频率过大或过小都会出现不同程度的非线性失真（方波的波形由直线变为曲线）。

$f_1=500\,\text{Hz}$；$f_2=5\,\text{kHz}$；$f_3=10\,\text{kHz}$；$f_4=30\,\text{kHz}$；$f_3=50\,\text{kHz}$。

5. 输入信号为三角波时的输出信号观测，选择输入信号频率为 10 kHz，从小到大调节其幅度，观测非线性失真。

记录以下幅度值的波形：

$V_{pp}=2\,V$；$V_{pp}=5\,V$；$V_{pp}=6\,V$；$V_{pp}=8\,V$；$V_{pp}=10.0\,V$。

五、思考题

1. 为了观察非线性现象，采用实验内容中 4 和 5 的方法哪种信号更好？

2. 在观察放大器的非线性失真时，信号源为恒流源和恒压源的两种情况有什么不同？

实验八　典型集成运算放大器电路的测量

一、实验目的

1. 学习掌握对照电路图在 PCB 板上安装焊接元器件。

2. 进一步熟悉直流稳压电源、示波器、信号发生器、万用表等常用实验仪器的使用方法。

3. 学习掌握实验电路的测试方法和步骤。

二、实验器材

1. 直流稳压电源、示波器、信号发生器、万用表、实验电路板、电烙铁。

2. 元器件列表如表 E8.1 所示。

表 E8.1　元器件列表

器件名	型号	数量	器件编号
双列直插 8 脚管座		1 个	U_1
运算放大器	LM741	1 片	U_2
电阻	8.2 kΩ	1 个	R_4
	10 kΩ	5 个	R_1、R_6、R_7、R_8、R_9
	20 kΩ	2 个	R_2、R_3
	100 kΩ	1 个	R_5
电容器	0.1 μF	4 个	C_3、C_4、C_5、C_6
二脚插针		6 对	S_1、S_2、S_3、S_4、S_5、S_6
短路子		3 个	

三、实验原理

集成运算放大器是一种性能优良的直接耦合放大器，又是一种通用性很强的多功能器件，其应用十分广泛，下面是应用集成运算放大器实现的两类典型电路。

1. *利用运算放大器实现各种运算*

图 E8.1 是实验所用的电路图，当信号从反相端输入，R_5 分别与 R_1、R_4 构成反馈网络，反馈信号加至反相端，这是一个电压并联负反馈放大器，其中 R_4 称为补偿电阻或平衡电阻，其相应的选择要保证同相端和反相端的外接电阻相等，使运放处于对称工作状态，从而消除了运放的输入偏置电流不对称及其漂移的影响。选择输入端输入信号可实现反相比例运算、加法运算及加减比例运算。

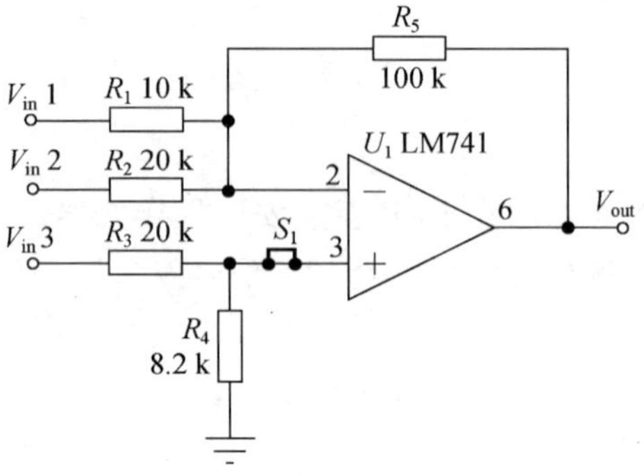

图 E8.1　比例运算实验电路

(1) 反相比例运算，在输入端 $V_{in}1$ 输入信号。根据理想运放的特点，可得输出信号：$V_{out}=-(R_5/R_1)\cdot V_{in}1$，即输出信号与输入信号反相，输出信号幅度与输入信号的大小有一定的比例关系。

(2) 加法运算，输入端 $V_{in}1$、$V_{in}2$ 均输入信号。根据理想运放的特点，可得输出信号：$V_{out}=-\left(\frac{R_5}{R_1}V_{in}1+\frac{R_5}{R_2}V_{in}2\right)$，即输出信号与输入信号反相，输出信号幅度是对各输入信号按不同的比例进行相加运算。

(3) 加减法运算，输入端 $V_{in}1$、$V_{in}3$ 均输入信号。根据理想运放的特点，可得输出信号：$V_{out}=-\left[\frac{R_5}{R_1}V_{in}1-\frac{R_5}{R_1/\!/R_5}\cdot\frac{R_4}{R_3+R_4}V_{in}3\right]$，即输出信号是各输入信号按不同比例进行相加减运算的结果。

2. 利用运算放大器实现有源滤波器

在现代电子设备中大量应用各种滤波器，用运算放大器实现的有源滤波器是常用的一种滤波器。

(1) 有源低通滤波器的实现，图 E8.2 是利用运放实现的一种典型有源低通滤波器。根据理想运放特点及滤波器带宽定义，可得 $f_H=\sqrt{\sqrt{2}-1}/2\pi RC$，$f_H$ 是半功率点频率，即低通滤波器的高截止频率。

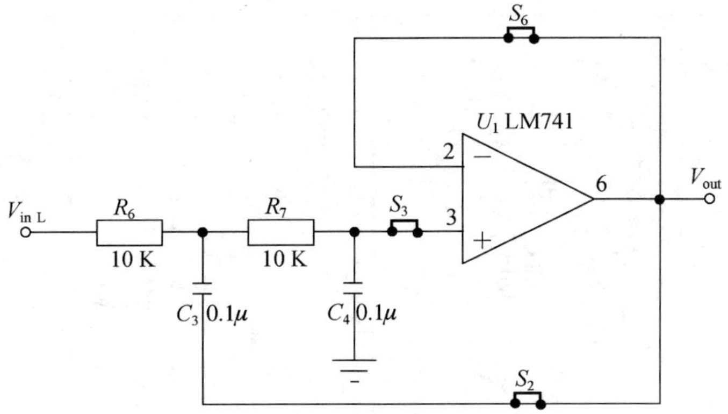

图 E8.2　有源低通滤波器实验电路

（2）有源高通滤波器的实现，如图 E8.3 所示是利用运放实现的有源高通滤波器，类似低通滤波器可得，$f_L=\sqrt{\sqrt{2}+1}/2\pi RC$，$f_L$ 是半功率点频率，即高通滤波器的低截止频率。

四、实验内容和步骤

1．焊接电路

按元器件表对照图 E8.4 将元器件焊到实验电路板相应的位置上。在电路板 U_1 的相应位置上焊一个双列直插 8 脚 IC 插座。焊接 8 脚插座时可先焊对角两点，检查 IC 插座确实与 PCB 板贴紧后再焊其余各点。这样可以更好地保证焊接的质量和外观。在实验电路板上、下两边焊接各外引线，将集成运算放大器 LM741 在双列直插 IC 管座（U_1）上插好（注意方向）。

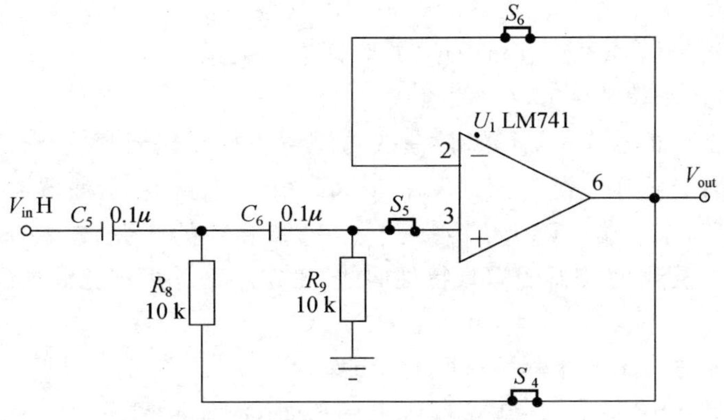

图 E8.3　有源高通滤波器实验电路

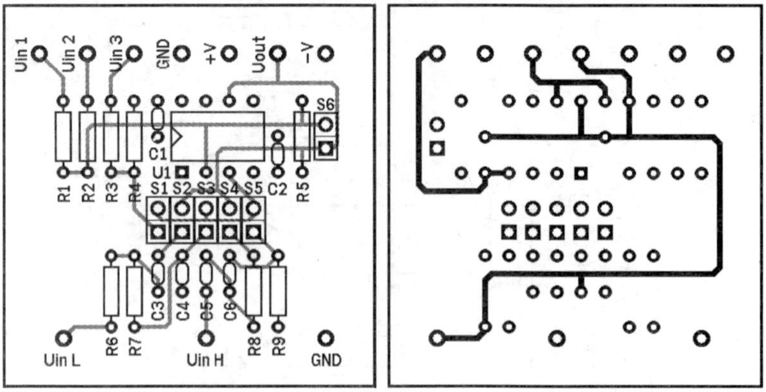

(a) 元件面　　　　(b) 焊接面

图 E8.4 集成运算放大器实验电路 PCB 板

2. 利用运算放大器实现各种运算

用短路子接通 S_1，调整双路直流稳压电源输出为＋10 V 和－10 V，注意电源电压和地线的接法。检查无误后将电源、地线和信号源接到实验板上。

(1) 反相比例运算，在输入端 $V_{in}1$ 加载电压 $V_{pp}=300$ mV、频率 $f=1$ kHz 的正弦信号。用示波器的两个通道同时观察 V_{out} 与 $V_{in}1$，记录输入信号和输出信号的幅值和相位，并验证运算关系。

(2) 加法运算，在输入端 $V_{in}1$、$V_{in}2$ 同时加载电压 $V_{pp}=300$ mV、频率 $f=1$ kHz 的正弦信号。用示波器两个通道同时观察 V_{out} 与 $V_{in}1$ 和 V_{out} 与 $V_{in}2$，记录输入信号和输出信号的幅值和相位，并验证运算关系。

(3) 加减法运算，在输入端 $V_{in}1$、$V_{in}3$ 同时加载电压 $V_{pp}=300$ mV、频率 $f=1$ kHz 的正弦信号。用示波器两个通道同时观察 V_{out} 与 $V_{in}1$ 和 V_{out} 与 $V_{in}3$，记录输入信号和输出信号的幅值和相位，并验证运算关系。

3. 运算放大器实现有源滤波器

(1) 有源低通滤波器幅频特性曲线的测量。用短路子接通 S_2、S_3 和 S_6，检查无误后将直流稳压电源的＋10 V 和－10 V 接入电路板，示波器两个通道分别接到 $V_{in}L$ 端和 V_{out} 端。$V_{in}L$ 端输入 $V_{pp}=300$ mV 的正弦波，在频率 $f=1$～200 Hz 范围内测出滤波器的幅频特性曲线，确定 f_H，并得到滤波器的带宽，与理论值比较。

(2) 有源高通滤波器幅频特性曲线的测量。用短路子接通 S_4、S_5 和 S_6，将直流稳压电源＋10 V 和－10 V 接入电路板，示波器同时分别接到 $V_{in}H$ 端和 V_{out} 端。$V_{in}H$ 端输入 $V_{pp}=300$ mV 的正弦波，在频率 $f=150$ Hz～1 kHz 范围内测出滤波器的幅频特性曲线，确定 f_L，与理论值比较。

五、实验报告要求

列出各实验数据，小结实验结果，分析误差原因，绘出滤波器的幅频特性曲线，并与理论结果比较。

六、思考题

1. 为什么要先调整好直流稳压电源的输出电压，再接入实验电路，而不能先将直流稳压电源的输出接入实验电路，再调整电压？

2. 为什么要将直流电源、信号发生器、实验电路和测量设备（示波器、万用表）的地线接在一起？

附：

本实验采用 LM741 双列直插式单运算放大器，管脚排列如图 E8.5 所示：

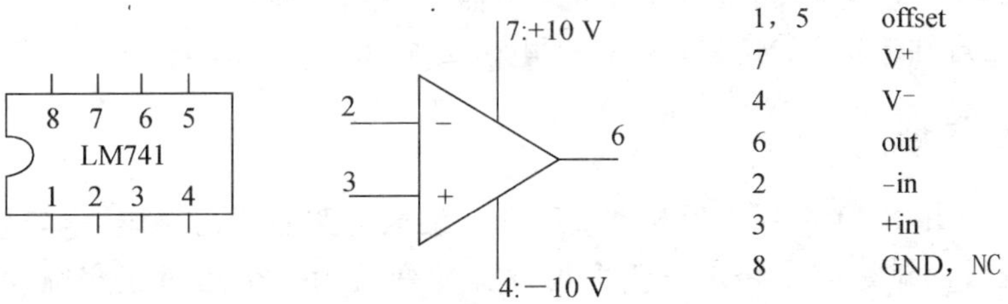

图 E8.5　LM741 管脚排列

主要参数：

功耗	85 mW
总电压	30 V
电压增益	86 dB
转换速率 SR	0.5 V/μs
CMRR	70 dB
输入阻抗	300 kΩ
失调电压	7.5 mV

实验九　用六反相器组成的脉冲电路的安装和测试

一、实验目的

1. 学会用面包板来搭电路和调试电路。
2. 更加熟练掌握示波器、函数发生器的使用和测试方法。
3. 了解元件(芯片)各个管脚名称和表示。

二、实验器材

1. 直流稳压电源、示波器、信号发生器、万用表、面包板。
2. 元器件包括 CD4069，1.6 kΩ 电阻 2 个，0.1 μF 电容两个。

三、实验原理

对一个由 4000 系列六反相器 CD4069 集成电路芯片与电阻、电容组成的脉冲电路进行测试。此电路是一个将正宽脉冲变成为一个延时正窄脉冲的电路。电路如图 E9.1 所示。

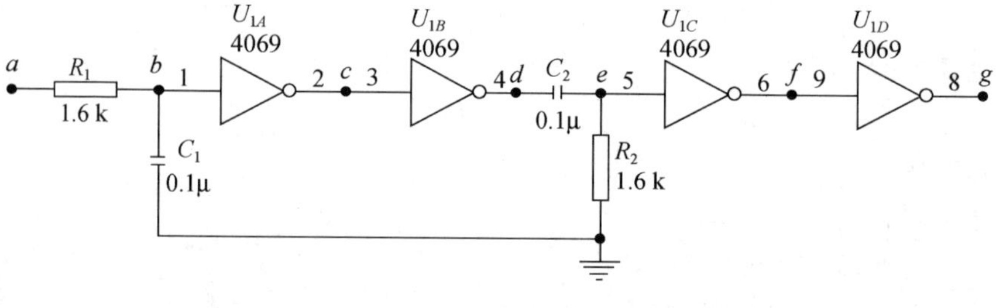

图 E9.1　实验电路

本实验中使用的是六反相器 CD4069 集成电路芯片，其基本原理和管脚定义如图 E9.2 和图 E9.3 所示。更详细的资料可以查看技术手册。

实验中使用面包板插接电路。面包板是在电子线路实验中经常要用到的。它的优点是方便连接和拆卸，元器件直接插入连接孔，由连接孔中的弹簧片保证连接和固定，省去了焊接环节。元件可以方便地根据设计连接，并对电路进行原理测试。在需要改变电路时，只要将需要改动的部分元器件拔下，并按照新的设计，将需要的元器件插入相应位置即可。大大方便了电路设计初期的试验研究。因此，学习和掌握面包板的应用对于电路基础实验研究是很重要的。

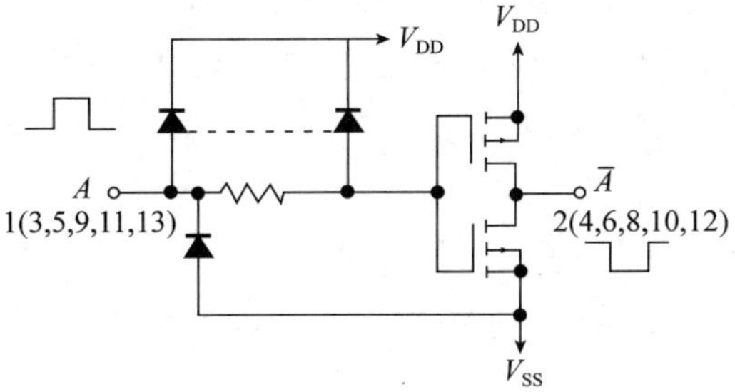

图 E9.2 六反相器中的任何一个反相器的原理图

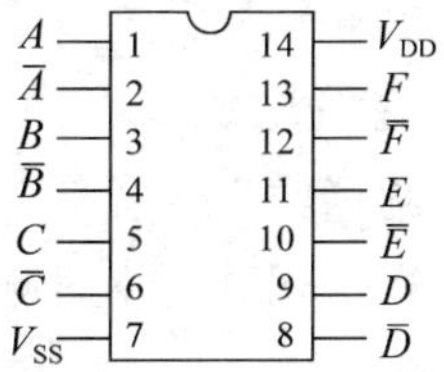

图 E9.3 管脚的定义

四、实验步骤

1. 掌握面包板的特性，如图 E9.4 和 E9.5 所示。元器件管脚或单股硬线插入面包板的小孔后，靠弹簧片的弹力实现电气连接，弹簧片本身导电，实现相连的孔之间的电路连接。如图 E9.4 和 E9.5，面包板内部弹簧片是 5 个一连。另外，上下各有两排共计 8 组是 25 个一连，一般用于电源和地线等。

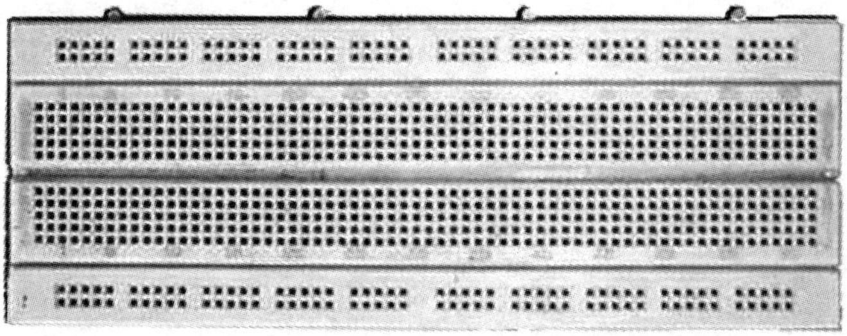

图 E9.4 实验中使用的面包板

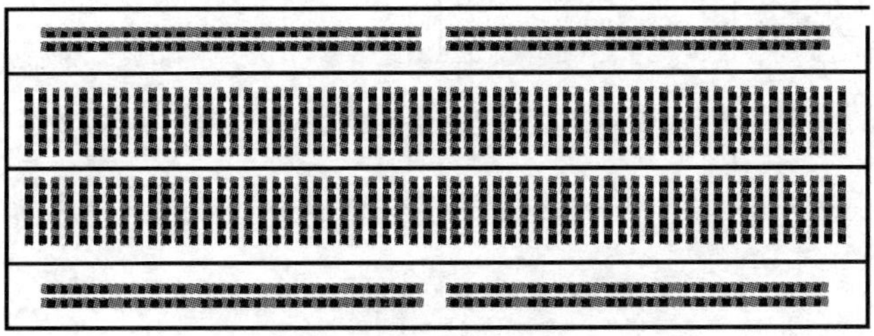

图 E9.5 面包板内部连线图

2. 六反相器 CD4069 集成电路芯片的性能以及各管脚定义，如图 E9.2 和 E9.3 所示，了解六反相器 CD4069 的简单原理。

3．在面包板上插好以上电路。这里要说明的是上面的 a (b，c，d，e，f，g)不表示芯片中的 a (b，c，d，e ，f)管脚。请同学自己考虑应该如何搭上面的电路。检查无误后加 10 V 电源。CD4069(14)接 ＋10V，CD4069(7)接地。CD4069 芯片电源范围为 3～18 V。

4．调函数发生器输出方波 V_{pp}＝5.0 V，f＝1 kHz，offset＝2.5 V 信号加于 a 点。[注意：用示波器测出其方波应为 V_{pp}＝10 V，低电平＝0V，为什么？(其原因是函数发生器的输出阻抗＝50 Ω)]

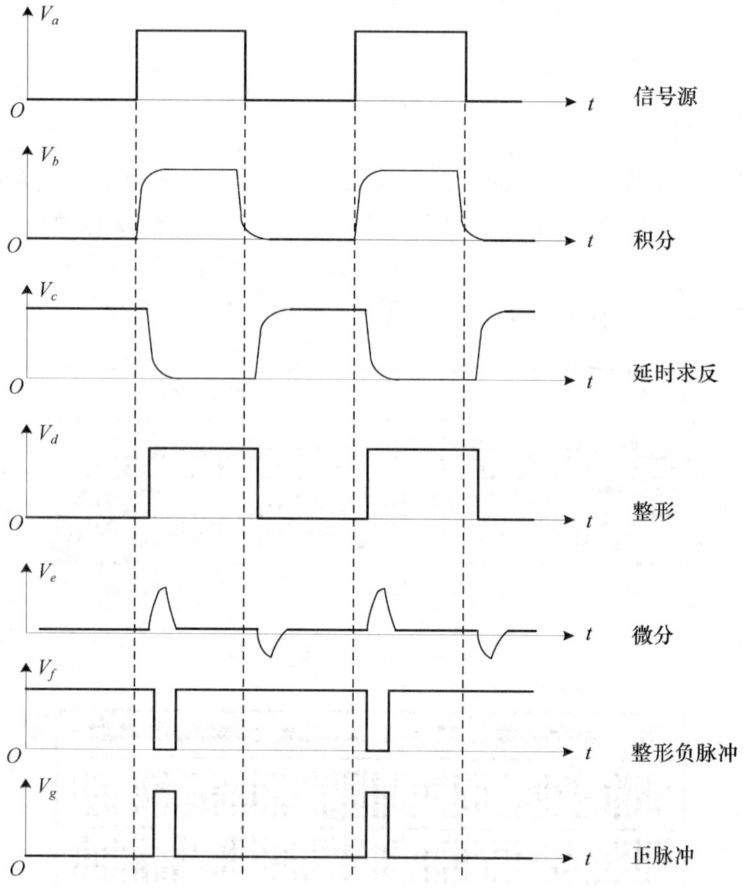

图 E9.6 电路各点波形示意图

5．用示波器两个通道探头，用直流耦合的同步触发方式，将自动测量法(电压自动测量，时间自动测量)和光标法测量法(测量电压，测量时间)相结合，测出以下各点波形的测试内容，并画出波形图(要求：七个点波形图上下按时序画在一张纸上)。

观测点	测试内容
① V_a	信号源幅度，频率，占空比；
② V_b	积分波形上升时间，下降时间；
③ V_c	求反整形积分波形上升沿，下降沿；
④ V_d	V_d与V_a的延时时间；
⑤ V_e	微分波形幅度，宽度；
⑥ V_f	微分波形求反整形；
⑦ V_g	输出信号脉冲上升沿与信号源方波上升沿的延时时间，输出信号脉冲的宽度。

6. 测试中改变触发源：CH_1，CH_2；改变触发状态：上升沿，下降沿；改变触发方式：自动电平触发，自动触发，常态触发，单次触发。

体会它们的作用和对测试波形的影响。

7. 改变输入信号的频率，当频率大于多少 Hz 时不能有波形输出？

当 $f=5\,\text{k}\Omega$，改变输入信号的占空比，当占空比为多少时，不能有波形输出？

五、思考题

1. 用示波器观测波形时如何正确使用触发状态上升沿、下降沿？
2. 触发电路的扫描起始点由哪些因素决定？

实验十　电子蜂鸣器(Ⅰ)

一、实验目的

1. 了解集成元器件各管脚名称和在原理图中的表示法，学会看简单电路图。

2. 进一步学习使用万用表、信号发生器和示波器等仪器来调试和测试电路的方法。

3. 学习在实验板(面包板)上实现包含集成电路块的简单电子线路的方法。依据电路图在实验板上实现两个集成电路块的测试电路。

二、实验器材

直流稳压电源、示波器、信号发生器、万用表、实验电路板、喇叭。一个元器件，如表 E10.1 所示。

E10.1　元器件列表

器件名	型号	数量
时基振荡器	NE555	2
低电压功率放大	LM386	1
电阻	2.2 kΩ	3
	100 Ω	1
电容器	0.01 μF	1
	1 μF	1
	10 μF	2

三、实验原理

1. NE555 时基振荡器

NE555 时基振荡器采用 8 脚 DIP 封装，常用作报警电路，定时或延迟电路，无稳态多谐振荡器等。最大输出电流为 200 mA，复位电压小于 0.4 V，复位电流小于 0.5 mA，最大输出频率 300 kHz，输出上升时间小于 150 ns，时间误差 5%。在能够产生精确时延或者振荡的单稳态定时电路中，时间间隔可以通过一个外部的电阻和电容来控制。在非稳态的操作模式下，频率和占空比可以独立地通过两个外部电阻和一个外部的电容来控制。阈值电压和触发电压值通常分别是$\frac{2}{3}V_{cc}$和$\frac{1}{3}V_{cc}$电压，它还可以通过控制电压端来改变。

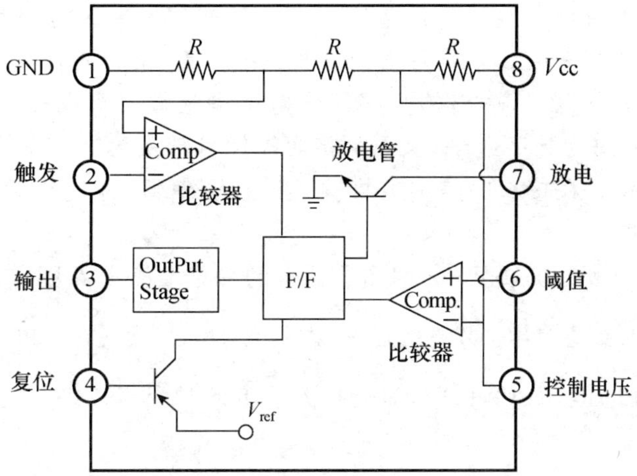

图 E10.1　NE555 的管脚图

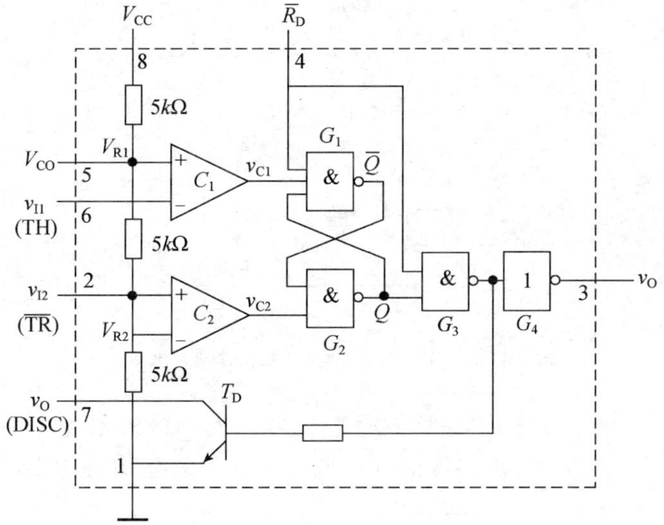

图 E10.2　NE555 的内部结构图

NE555 电路内部含有一个电阻分压网络，它提供$\frac{2}{3}V_{cc}$和$\frac{1}{3}V_{cc}$电压作为比较器 C_1(称为上比较器)和 C_2(称为下比较器)的比较基准，两个比较器的输出分别作为与非门 1 和 2 的复位(R)和置位(S)信号，以控制由门 1 和门 2 构成的

R-S触发器状态，R-S触发器的输出，一路供输出用，另一路控制放电晶体管 TD 的通和端，R-S 触发器另有一个主复位端“4 脚”MR 端，只要将此端置于逻辑“0”电平，此时“3 脚”输出端 $V_0=0$，不受比较器 C_1 和 C_2 状态影响，为优先复位端。如 R-S 触发器的置位和复位不是通过 C_1 和 C_2 的输出来进行控制，而是直接用数字信号“1”和“0”来控制。此时是一普通数字电路，由于内含 2 个比较器，因而可以接入模拟信号电平，输出的数字信号电平进入数字电路 R-S 触发器，在其输出端“3 脚”输出为数字电平，从而可将模拟信号转换为数字信号输出，因此它是模拟集成电路。在接口电路中可将输入的检测信号，经比较后转换为数字信号推动后级电路。

如图 E10.3 所示是 NE555 用作非稳态的一个典型电路图。图中电容 C 通过和充电，而只通过放电，阈值电压和触发电压分别是 $\frac{2}{3}V_{cc}$ 和 $\frac{1}{3}V_{cc}$ 电压。因此，可以通过和的值来控制占空比，并且充放电的时间与提供的电压无关。

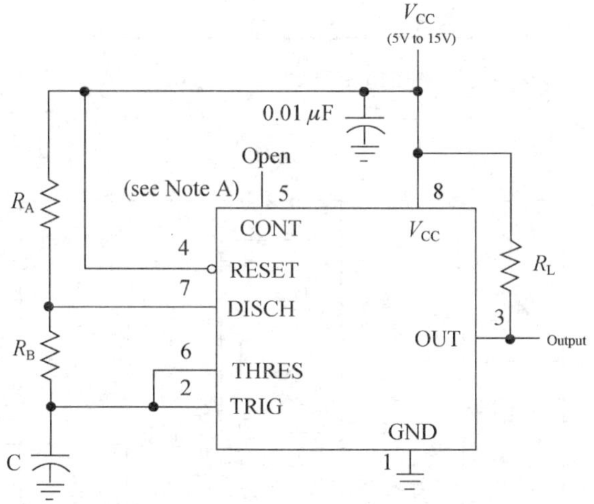

图 E10.3 NE555 用作非稳态的一个典型电路图

如图 E10.4 所示显示了非稳态情况下一个典型的波形图。输出高电压的持续时间 t_H 和高电压 t_L 的持续时间可以根据下面的公式来计算：

$$t_H = 0.693(R_A + R_B)C, \quad t_L = 0.693(R_B)C \tag{E10.1}$$

其他一些有用的关系是：

周期 $R=t_H+t_L=0.693(R_A+2R_B)C$，频率 $f=\dfrac{1.44}{(R_A+2R_B)C}$

输出驱动占空比 $=\dfrac{t_L}{t_H+t_L}=\dfrac{R_B}{R_A+2R_B}$，输出波形占空比 $=\dfrac{t_H}{t_H+t_L}=1-\dfrac{R_B}{R_A+2R_B}$ (E10.2)

$$高低比=\frac{t_L}{t_H}=\frac{R_B}{R_A+R_B}$$

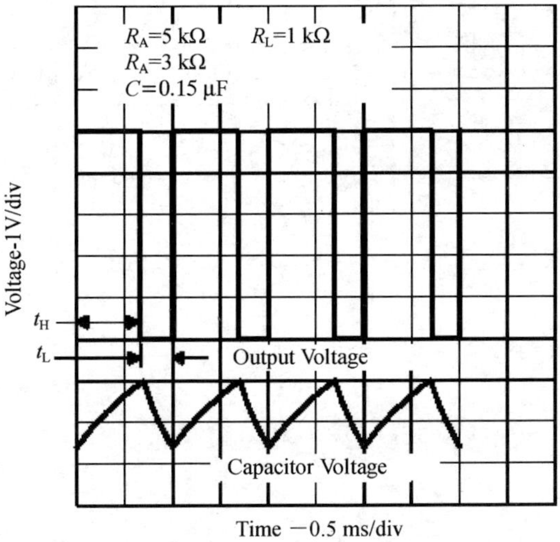

图 E10.4　非稳态情况下的波形图

2. LM386

LM386 是低电压应用中的一个比较常用的功率放大芯片，如图 E10.5 所示。LM386 电源电压 4～12 V，音频功率 0.5 W。它的特点是频响宽(可达数百千赫)、功耗低(常温下为 660 mW)、电源电压范围宽 4～16 V。此外，该芯片外接元件少，使用时不需加散热片，调整也较为方便。因而 LM386 得到了广泛应用。其增益在内部被设置为 20，如图 E10.6 所示的应用电路就是增益为 20 的情形。但是，在管脚 1 和 8 之间附加的外部电阻和电容可以将增益从 20 倍提高到 200 倍。图中 10 kΩ 的可变电阻是用来调整扬声器音量大小，若直接将 V_{in} 输入即为音量最大的状态。在 6 V 电压下，静态的功率消耗只有 24 mW，这就使得 LM386 是电池用品的首选芯片。

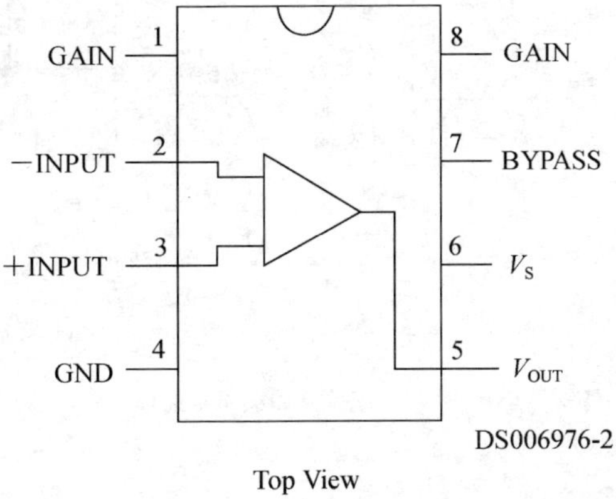

图 E10.5　LM386 的管脚图

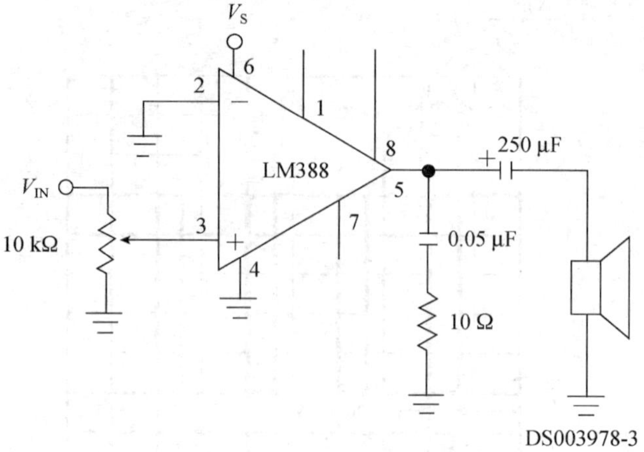

图 E10.6 LM386 典型应用

四、实验步骤

1. 观察图 E10.7 和 E10.8 的电路图，熟悉所用元件。注意集成电路的管脚实际排列顺序和电路图中的表示方法的差异，注意电解电容的极性。

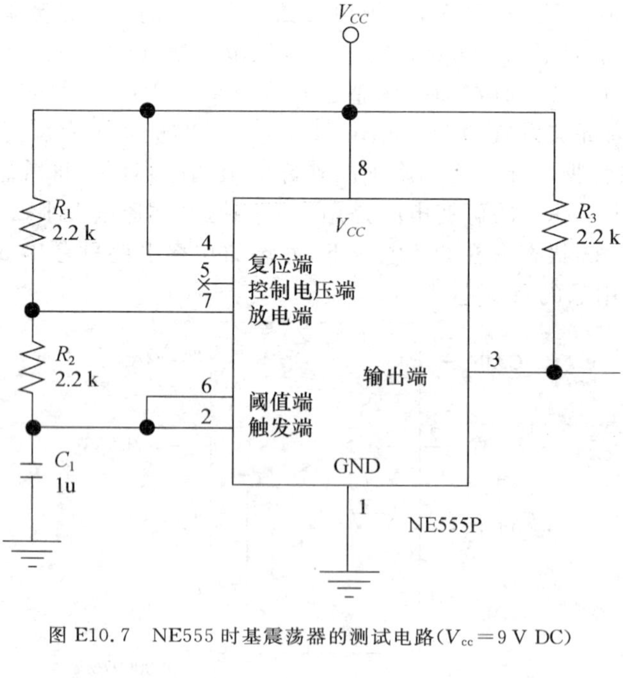

图 E10.7 NE555 时基震荡器的测试电路(V_{cc}=9 V DC)

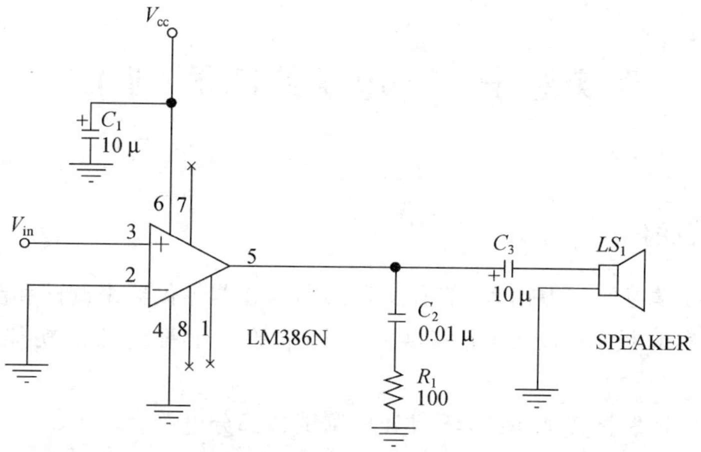

图 E10.8　LM386 音频功放的测试电路(V_{cc}=9 V DC)

2. 按电路图 E10.7 所示，在面包板上插接元器件，并检查是否正确。

3. 通电后用示波器测试 NE555 的管脚 2 的信号和管脚 3 的输出信号，记录测试的波形，标明信号的幅度，并画出波形图。测试输出信号的占空比并记录结果。

4. 按电路图 E10.8 所示，在面包板上插接元器件，并检查是否正确。

5. 使用信号发生器输出频率为 1000 Hz，偏置为 0，幅度 100 mV 的正弦波，作为图 E10.8 电路的输入信号。扬声器应该发声。利用示波器测试管脚 3 的输入信号的 V_{pp} 和管脚 5 的输出信号的 V_{pp}，计算其电压放大倍数。

五、思考题

改变信号发生器的频率，声音有何变化？用示波器 CH_1 接信号发生器输出，CH_2 接功放输出，看输出波形是否有明显失真，测试相位差是多少？

实验十一　电子蜂鸣器(Ⅱ)

一、实验目的

1. 继续学习使用万用表、信号发生器和示波器等仪器来调试和测试电路。

2. 在实验板(面包板)上实现一个简单的电子蜂鸣器的功能,并测试其性能。

3. 学会合理整齐地布线,学习分析调试各部分电路。

二、实验器材

直流稳压电源、示波器、信号发生器、万用表、实验电路板、喇叭。一个元器件,表 E11.1 所示为元器件列表。

表 11.1　元器件列表

器件名	型号	数量
时基振荡器	NE555	2
低电压功率放大	LM386	1
三极管	9014	1
	9015	1
电阻	1 kΩ	3
	2.2 kΩ	3
	10 kΩ	1
	100 kΩ	3
	100 Ω	1
变阻器	5 kΩ	1
电容	0.01 μF	2
	1 μF	1
	10 μF	6

三、实验原理

该实验要求参看电路图 E11.1,在实验面包板上实现一个简易电子门铃电路。电路使用了三块集成电路,两个 NE555 时基振荡器,一个音频功放 LM386。如图 E11.1 所示,使用 U_2 音频功放集成电路 LM386 放大音频信号驱

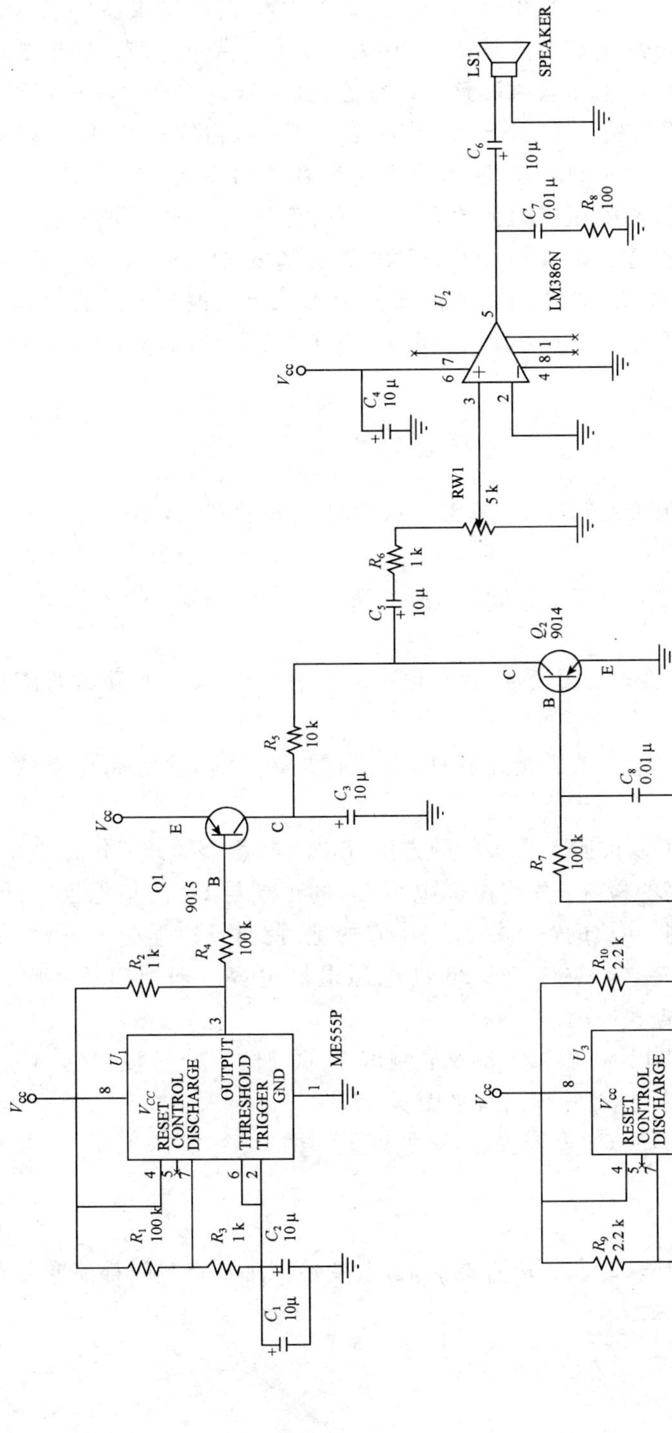

图E11.1　电子门铃的电路

动喇叭发声。对于 LM386 功放电路来说，前面的 RW1 滑动变阻器可以调整分压的大小，放大器的电压增益就为默认的 20（注意：在 1 脚和 8 脚之间增加一只外接电阻和电容，便可将电压增益调整为任意值，直至 200）。同时注意 C_7 和 R_8 的滤除高频分量作用。使用 U_3 NE555 产生音频信号（占空比大于 50% 的方波），信号频率为 200～300 Hz。此频率决定铃声音调的高低。U_1 NE555 产生占空比很大的方波，其高电压时间大约为 1～2 秒，而低电压的时间只有 10～20 毫秒，很窄的负脉冲加在三极管 Q_1 9015 PNP 管的基极，Q_1 导通时间很短，给电容 C_3 10 μF/16 V 充电，U_1 产生负脉冲的间隔为 1～2 秒，控制铃声的间隔。对于 U_1 来说，高低电平的时间比例分配是由 R_1 和 R_3 决定的，后面接的两个三极管起开关作用。

四、实验步骤

1. 在前两次面包板的基础上，考虑如何合理整齐的布线，如何易于分析和测试电路。

2. 使用万用表测量三极管，说明如何判断三极管的类型（NPN 或 PNP）及三极管的管脚。

3. 观察电路图，熟悉所用元件，注意电解电容的极性，集成电路的管脚排列顺序。

4. 按电路图在面包板上插接元器件，并检查是否正确，注意面包板的内部连接。

5. 通电调试。可以按照上次实验的方法分块测试各个部分工作是否正常。（对 LM386 自激振荡的检查：先将电解电容 C_5 的正端与 Q_2 的集电极断开，此时 C_5 的正端就是音频功放的输入端。先将它接地，此时扬声器应不发声，如发声，则说明有自激振荡，应检查 LM386 的电源退耦电容。）遇到门铃不响的情况，同学要学会逐步查找原因。

6. 门铃正常发声以后，做以下测试：测试 U_1（3 脚），Q_1（C 极），Q_2（C 极），U_2（3 脚），U_2（5 脚）的波形，并画出波形图。

7. 将 U_1（2 脚）中的 C_1 电容去掉，再做以上测试。

五、思考题

如想增加铃声间隔，改变铃声音调高低，改变铃声延长音时间都需要分别改变哪些元器件？

实验十二　直流稳压电源

一、实验目的

1. 了解直流稳压电源的基本原理。
2. 掌握直流稳压电源主要技术指标和测试方法。
3. 熟练掌握常用仪表万用表、示波器等仪器的使用和测试方法。
4. 了解认识一些元器件技术性能和使用。

二、实验器材

1. 安培表(大于 1 A),示波器,数字万用表;
2. 12 V 直流稳压电源 PCB 板,500 W 单相自耦调压器;
3. 可调负载一个(12 V,0～1000 MA 可调)。

三、实验原理

直流稳压电源原理请见本书第一章稳压电源部分,叙述过的不再赘述。这里对广泛应用的集成稳压器 LM78××系列三端稳压器做逐一介绍。

LM78××,LM79××系列三端稳压器只有三个引脚,输出为固定正电压和负电压两个系列。LM78××系列三端稳压器,它的输出为固定正电压,如 LM7805 输出电压为 5 V, LM7806 输出电压为 6 V,LM7809 输出电压为 9 V, LM7812 输出电压为 12V, LM7815 输出电压为 15 V,LM7818 输出电压为 18 V,LM7824 输出电压为 24 V。输出电流额定值有 0.1 A,0.15 A,0.2 A, 0.25 A, 0.5 A,1 A,1.5 A 七挡。LM78××三端稳压器封装,如图 E12.1 所示。LM78××三端稳压器内部电路原理如图 E12.2 所示。三端稳压器的技术参数

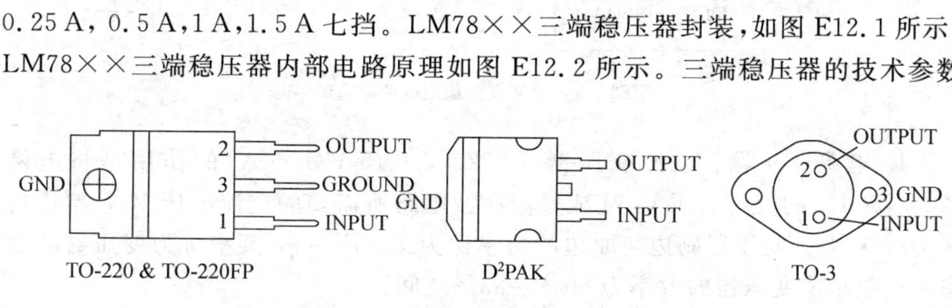

图 E12.1　LM78××三端稳压器封装图

可以从中国电子网 http://www.21IC.com/上查阅。

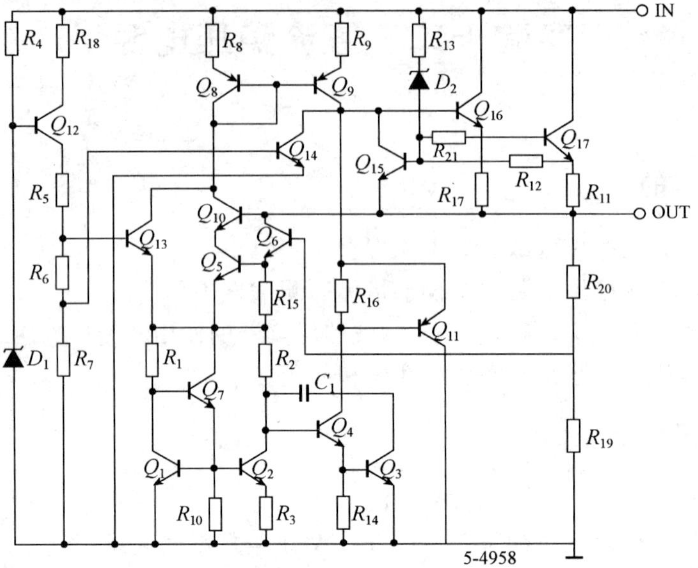

图 E12.2　LM78××三端稳压器内部电路原理图

实验中 12 V 直流稳压电源电路原理图如图 E12.3 所示。由电源变压器，桥式整流滤波电路及三端稳压器加滤波电容所组成。

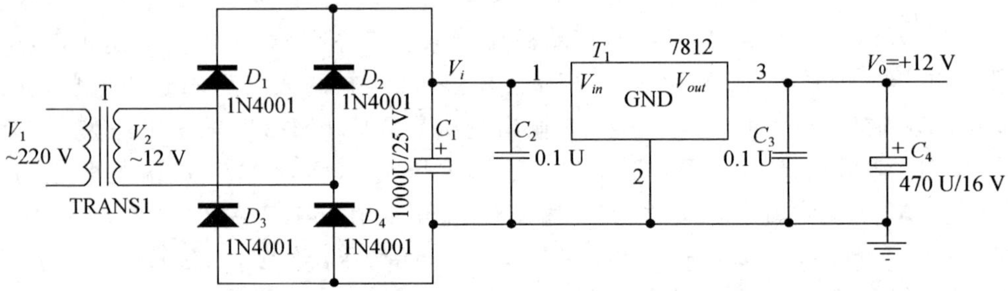

图 E12.3　12 V 直流稳压电源原理图

1. 电源变压器：电源变压器 T(220 V∶15 V/1.5 A)的作用是将电网 220 V,50 Hz 的交流电压 V_1 变成整流滤波电路所需要的交流电压 V_2。副边功率 $P_2=V_2I_2$。变压器副边与原边的功率比为 $P_2/P_1=\eta$，其中 η 为变压器的效率。一般小型变压器的效率为 60%～85%之间。

2. 桥式整流滤波电路：整流二极管 D_1—D_4 组成单相桥式整流电路，将交流电压 V_2 变成脉动的直流电压，再经滤波电容滤除纹波，输出直流电压 V_i。V_i 与交流电压 V_2 的有效值的关系为

$$V_i = (1.1 - 1.2)V_2 \tag{E12.1}$$

每只整流二极管承受的最大反向电压

$$V_{RM} = \sqrt{2}\,V_2 \tag{E12.2}$$

通过每只整流二极管的平均电流

$$I_D = \frac{1}{2}I_0 = \frac{1}{2}V_0/R_D \tag{E12.3}$$

式中 R_D 为整流滤波电路的负载电阻，I_0 为负载电流。

3. 稳压器加滤波电容：将整流滤波的直流电压 V_i，经三端稳压器变为稳定的直流电压 V_0。

四、实验步骤

1. *原理性测试*

12 V 直流稳压电源测试原理图如图 E12.4 所示。T_1 为 220～250 V，500 W 单相自耦调压器。

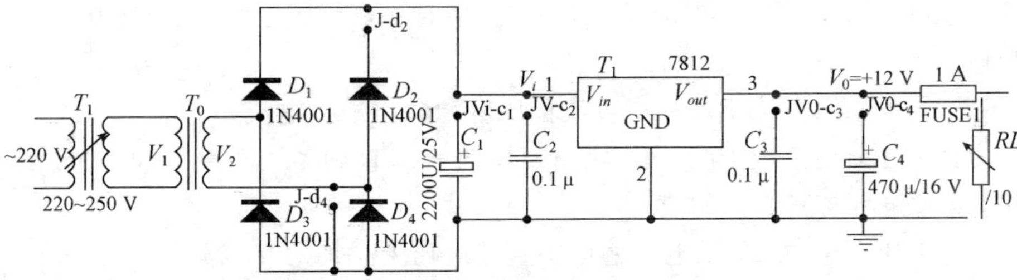

图 E12.4　12 V 直流稳压电源测试原理图

(1) 半波整流。

① 拔下 12 V 直流稳压电源 PCB 板上所有短路子后插上短路子 J-d_4，插上 220 V 电源插头。用万用表测出 V_2，V_i 两点电压(注意交、直流挡位变化)。得出半波整流没加滤波电容时，交流有效值 V_2 与直流平均值 V_i 的关系。

② 插上短路子 JV-c_1 和 JV-c_2，用万用表测出 V_2 点和 V_i 点电压(注意交、直流挡位变化)。得出半波整流加滤波电容时，交流有效值 V_2 与直流平均值 V_i 的关系。

③ 重复①，②操作，用示波器观测 V_2 点和 V_i 点波形，得出半波整流不加滤波电容和加滤波电容时的波形，并画下波形图(注意时序)。可以用双通道同时观测 V_2 和 V_i 两点波形。

④ 拔下 220 V 电源插头，拔下 12 V 直流稳压电源 PCB 板上所有短路子。

(2) 全波整流。

① 插上短路子 J-d_2 和 J-d_3 插上 220 V 电源插头。用万用表测出 V_2，V_i 两

点电压(注意交、直流挡位变化)。得出全波整流没加滤波电容时,交流有效值V_2与直流平均值V_i的关系。

② 插上短路子 JV-c_1 和 JV-c_2,用万用表测出V_2点和V_i两点电压(注意交、直流挡位变化)。得出全波整流加滤波电容时,交流有效值V_2与直流平均值V_i的关系。

③ 重复①,②操作,用示波器观测V_2点和V_i点波形,得出全波整流不加滤波电容和加滤波电容时的波形,并画下波形图(注意时序)。可以用双通道同时观测V_2和V_i两点波形,只能用单通道观测,否则造成短路。

④ 拔下 220 V 电源插头。

2. 技术性能测试

插上除短路子 J-d_4 外所有短路子,断开保险串入电流表测输出电流I_0(或测可调负载电阻上电压),接上可调负载,插上 220 V 电源插头。

(1) 输出电压 V_0:指直流稳压电源输出电压。

方法:调节负载可变电位器,使负载电流等于① $I_0=0$ mA,② $I_0=250$ mA,③ $I_0=500$ mA,④ $I_0=750$ mA,⑤ $I_0=1$ A 五种负载情况下,用数字万用表测出输出电压V_0。

(2) 最大输出电流I_{0max}:指直流稳压电源输出最大电流。

方法:逐渐使负载R_L减小,使用万用表测出直到V_0下降 5%时的输出电流I_0,最大输出电流I_{0max}的值。

(3) 电压V_{0W}:指稳压电源输出的直流电压上叠加的交流分量。

方法:用示波器观测V_0直流电压上叠加的交流分量V_{0W}。调节负载可变电位器使负载电流等于① $I_0=0$ mA,② $I_0=250$ mA,③ $I_0=500$ mA,④ $I_0=750$ mA,⑤ $I_0=1$ A 五种负载情况下 ΔV_{pp}的值(注意:设示波器耦合方式为 AC 耦合)。

(4) 稳压系数S_V:指负载不变情况下,输入电压V_2的相对变化量和输出电压V_0的相对变化量之比。

$$S_V=\left.\frac{\Delta V_0/V_0}{\Delta V_1/V_1}\right|_{R_L}=\text{常量}$$

方法:负载电流$I_0=500$ MA 情况下,① 调自耦调压器使$V_1=220$ V,用万用表测得输出电压V_0。② 调自耦调压器使$V_1=242$ V,测得输出电压V_{01};③ 调自耦调压器使$V_1=198$ V,测得输出电压V_{02}。

$$\text{测量结果代入 } S_V=\frac{220}{242-198}\times\frac{V_{01}-V_{02}}{V_0}$$

(5) 电源内阻R_0:指输入电压不变时,负载电流变化引起输出电压变化的程度。定义为输出电压的变化量和输出电流变化量之比。

$$R_0=(|\Delta V_0|/|\Delta I_0|)V_2=\text{常量}$$

方法：调自耦调压器使 $V_1=220$ V 不变。

① 调节负载可变电位器使负载电流 $I_{01}=250$ MA 时，测出输出电压 V_{01}。

② 调节负载可变电位器使负载电流 $I_{02}=1$ A 时，测出输出电压 V_{02}。

$$\text{测量结果代入 } R_0=\frac{|V_{01}-V_{02}|}{|I_{01}-I_{02}|}$$

五、安全

小心触到自耦调压器的初、次级及电源变压器初级交流 220 V 电压，以免发生触电人身安全事故！

六、思考题

1. 在直流稳压电源设计中，选用三端稳压器的主要技术参数是哪两项？
2. 信号发生器正弦输出信号能否用于全波整流的输入信号？
3. 示波器三种耦合方式 DC，AC，GND 的用法？
4. 三端稳压器加散热片的作用。

附录　实验室仪器使用练习

A　惠普公司产品的使用

一、实验目的

1. 熟悉几种常用仪器的性能和使用方法。
2. 掌握数字存储示波器的手动测量、自动测量与存储功能。
3. 掌握单次信号的观测方法。
4. 学会通用信号发生器的基本操作。

二、实验原理

1. HP 33120A 通用信号发生器使用说明

HP 33120A 通用信号发生器可以产生正弦波、方波、锯齿波、三角波、调频波、调幅波、单次信号等多种常用波形。可以设定预期输出信号的频率和幅度，并能配合菜单使用得到更多的功能。要正确使用该仪器，首先要了解它的面板操作。

在面板上有两排按键可以产生不同的信号和执行不同的功能，其上有两排蓝色的字体，它们所指示的功能必须与[Shift]键配合使用，在按键左边的绿色数码，与[Enter Number]键配合使用，可以设置频率与幅度，[∧] [∨]键与旋钮可以调节显示屏上闪烁位的数字，使其增大或减小，[<] [>]键左移或右移闪烁位。取消以上操作用[Shift Cancel]键。

打开菜单，要按[Shift] [Menu on/off]，同时配合使用[∧] [∨] [<] [>]键在菜单的树状结构中上下左右移动。

举例：

(1) 调节输出正弦波的频率

[~] [Freq] → 显示 1.0000000 kHz → [∧] [∧]若小数点后第一位是闪烁位显示[1.2000000 kHz]。

(2) 设定输出正弦波的频率为 1.5 kHz

Freq Enter Number 1 · 5 → ∨ kHz mVrms 显示 1.500000 kHz。

(3) 设定输出正弦波的幅度为 100 m V_{pp}(最小只能为 50 m V_{pp})。

Ampl Enter Number 1 0 0 → ∧ Shift ∧ kHz m V_{pp} 显示 100.00 m V_{pp}。

(4) 设置方波占空比

按 ⊓⊔ 键选择方波信号,然后按 shift %duty,则显示 50%duty;

再按 Enter Num 4 5 Enter,则显示 45% duty。最小只能到 20%。

(5) 配合菜单设置输出单脉冲信号

选择方波信号 ⊓⊔;

Shift Burst,显示屏上提示是 Burst 信号,此时显示的是周期性 Burst(突发)信号或周期性单脉冲信号,若要取消之再按 Shift Burst,若继续选择不同的 Burst 信号如下操作:

打开菜单 Shift Menu on/off	显示 A: MOD I MENU
∨ 沿树状结构下移	显示 1: AM SHAPE
> > > 右移三次	显示 4: Burst CNT
∨ 下移一次	显示 0001 CYC
Enter Number,后按数字键键入 Burst 计数值……	
Enter	显示 Entered

然后退出菜单,便得到键入的周期性 Burst 信号,若键入的 Burst 计数值为 1,得到的是周期性单脉冲信号。

(6) 单次信号的产生

在产生周期性单脉冲信号的基础上,按 Single 键,显示屏上提示 Trig 状态,这时每按一次 Single 键,就会输出一个单次正向脉冲。若要取消单次触发,再按 Shift Single。

注:屏幕字中深色者表示闪烁位。

练习:

(1) 练习举例中信号的设置方法;

(2) 产生一个脉冲幅度为 3 V,脉宽为 20 μs 的单脉冲信号。

2. 54603B 数字存储示波器的基本操作说明

54603B 数字存储示波器具有极好的波形观察及优异的测量性能,可以提供如下功能：

100 MHz 频宽，主要(Main)及延迟(Delayed)时基可达 5ns/div；

面板自动设定(Setup)；

可自动或利用游标测量频率、时间和电压；

波形可存储及调用(Recall)；

面板设定可存储及调用；

峰值检测(Peak Detect)；

由于该示波器利用软键配合菜单使用，因此要了解面板上软键的功能与操作。

首先，从外观上看有灰白两色按键，灰色按键配合屏幕软键菜单可以实现多种功能，白色按键是立即动作，不需与菜单配合使用，在屏幕顶端有状态行显示，提示目前示波器的设定状态。

示波器面板分垂直轴系统、时基系统、触发系统、测量系统和存储系统。通常情况下，按 [Autoscale] 键，示波器处于自动操作状态，可自动设定到最佳状态。

(1) 垂直系统的设定：利用 Volts/Div 旋钮改变垂直轴灵敏度，Position 旋钮可以上下移动波形，按 [1] 或 [2] 键，屏幕上将显示相应通道的菜单，包括通道的开启和关闭、耦合方式、游标尺(Vernier)等。当 Vernier 选为 on 时，Volt/Div 旋钮可以比较小的增量或减量改变垂直轴的单位。

(2) 时基设定：转动 Time/Div 旋钮，扫描速率将以 1—2—5 倍率顺序从 5 ns 到 5 s 变化，扫描速率将在状态行上显示，调节该旋钮可以看到周期个数适当的波形，用 [Main]/[Delayed] 键，可以看到波形的延迟扫描，即观察信号放大的波形，旋转 Delay 旋钮可以放大不同的位置，改变 Time/Div 可以得到不同的放大倍数，这里要注意，改变主扫描，必须先关闭延迟扫描，由于主扫描及延迟扫描同时显示在屏幕上，波形被“压扁”，所以垂直轴单位为原来的 2 倍，请注意状态格内容的变化。

(3) 示波器触发系统：Level 旋钮调节触发电平，与使用一般的示波器功能相同，按 [Source]，可以选择触发源，如果只在 1 通道加信号，触发源也选择 1。按 [Mode] 可以选择触发方式，通常选择 Autolevel，观察单次信号时选 Single 状态。按 [Slope/Coupling] 键，可以选择触发和耦合方式。Holdoff 旋钮用来稳定复杂波形。

(4) 示波器测量系统：用 Measure 下面的三个键可以进行手动和自动测量，测量的项目在相应的软键菜单中显示，按 [Cursors] 键，配合它右下方的灰色旋钮，可以预置光标的位置，测量结果会在屏幕下方显示出来。

(5) 存储系统：利用示波器面板上方 STORAGE 的 4 个白色软键，可以捕捉并存储单次信号、偶发事件、测量噪声和抖动等。要捕获单次信号，在 Source 对应菜单中选择单次信号所接的通道为触发源，按 Slope/Coupling 键，选择触发沿，由于通用信号发生器产生的单次脉冲是正脉冲，若观察该信号则选上升沿触发，在 Mode 菜单中选 Single 软键，然后按 Erase，屏幕上会清除以前的光迹，最后按 Run 键，这时只要单次信号达到触发电平就会被捕获到。每次观察要重复 Erase 和 Run。按 Autostore 键，可以比较多次的单次信号，以前的数据以半亮度显示，可用来捕获毛刺和偶发事件。

以上是示波器的基本操作，进一步的了解可以参看示波器使用手册附录中的内容。

练习：

(1) 从通用信号发生器输出 $V_{pp}=2.0\,V$，$f=1.0\,kHz$ 的正弦信号，利用仪器观测该信号，用自动测量的方法测 V_{pp}，V_{rms}，f。

(2) 捕获通用信号发生器产生的单次脉冲信号。

三、实验内容

(1) 开启电源，将通用信号发生器的输出端接入示波器的通道。

(2) 开启接入信号的示波器通道，按 Autoscale 键，观察示波器所显示的波形。此时示波器的显示值将是信号源显示的一倍，这是因为信号源显示默认输出端所接负载与其输出阻抗匹配，而示波器是高输入阻抗的原因。

(3) 设置通用信号发生器，使其输出一个频率为 25 kHz，幅度为 1.0 V 的正弦波，用示波器观测该信号，分别用自动测量与游标手动测量的方法测量该信号的频率与幅度，并与设置值相比较。用自动测量方法测出该信号的有效值。

(4) 将通用信号发生器的输出改为 50 kHz，8 V 的三角波，重复上述步骤。

(5) 将通用信号发生器的输出改为 22 kHz，3 V 的方波，并使占空比为 40%，用自动测量方式测量以下参数：

Vpp=	Vavg	Vrms	Vmax
Vmin	Vtop	Vbase	Freq
Period	DutyCyc	+Width	−Width
Risetime	Falltime		

(6) 按 1 键中的反相(Invert)，体会显示波形的翻转现象。

(7) 用游标手动测量以下参数,并与上面结果比较:

V_{pp}= , V_{min}= , Period= , Rise Time= , +Width= 。

(8) 利用 Main/Delayed 键,观察方波前沿,测上升时间。

(9) 设置通用信号发生器处于 Single Trig 状态,输出单次脉冲信号,要求脉宽为 50 μs,脉冲幅度为 5 V,同时,如下设置示波器的触发条件并观察单脉冲信号:

Source 选信号所接通道

Slope/Coupling 选上升沿

Mode 选 Single 状态

调节 Level 旋钮(触发电平)至合适位置

Erase Run

按一次通用信号发生器的 Single 键,在示波器上可观察一个单次脉冲波形。

(10) 单次脉冲参数测量

按 Voltage 键,测 Vmin= Vtop= Vbase=

按 Time 键,+Width= Rise Time= Fall Time=

按 Cursors 键,手动测 V_{pp}= ,+Width=

改按 Run 键为按 Autostore 键,反复按 Single 键,可观察比较单次脉冲重复性等特征,用金属物轻碰探头,可看到捕捉到的毛刺。

四、思考题

1. 如何根据信号选择触发方式?
2. 利用 33120A 信号发生器作信号源,希望获得一个峰峰值为 10 m V 的信号,而又希望比较好地在示波器上观察到清晰的波形,该如何办?

B 泰克公司产品的使用

一、实验目的

1. 熟悉几种常用仪器的性能和使用方法。
2. 掌握数字存储示波器的手动测量、自动测量与存储功能。
3. 掌握单次信号的观测方法。

4. 学会通用信号发生器的基本操作。

二、实验原理

1. AFG 310 任意波形发生器使用说明

AFG 310 任意波形发生器可以产生正弦波、方波、锯齿波、三角波、脉冲、调频波、调幅波、单次信号、直流和噪声等多种常用波形。可以设定预期输出信号的频率和幅度,并能配合菜单使用得到更多的功能。要正确使用该仪器首先要了解它的面板操作。

在面板左上的液晶显示屏分为 FUNC(函数)、FREQUENCY(频率)、AMPL(电压幅度)、OFFSET(电压偏置)、MODE(模式)、MODUL(调制)、PHASE(相位)等七个显示区,每个区分别显示相应的数值。

在面板右上有两排按键可以产生不同的信号和执行不同的功能,其上有两排蓝色的字体,它们所指示的功能必须与 [Shift] 键配合使用,面板左下的数字按键,可以以键入方式设置某项数值,取消以上操作用 [Cancel] 键。[∧] [∨] 键可以调节显示屏上光标所在位数字,使其增大或减小, [<] [>] 键左移或右移光标位。

举例:

(1) 调节输出正弦波的频率

[Func] [∧] [∨] FUNC 区显示 SINE; [Freq] FREQUENCY 区显示 1.00000 kHz [∧] [∧],若小数点后第一位是光标所在位,显示 1.20000 kHz ;按 [Enter] 确认。最后按 [CH1] 输出波形。

(2) 设定输出正弦波的频率为 1.5 kHz

[Freq] [1] [·] [5] → [kHz/ms/mv] FREQUENCY 区显示 1.50000 kHz。

(3) 设定输出正弦波的幅度为 100 m V_{pp}。

[Ampl] [1] [0] [0] → [kHz/ms/mv] AMPL 区显示 0.100 (最小只能为 50 m V_{pp})。

(4) 设置脉冲占空比

按 [Func] [∧] [∨] 键选择 PULS 脉冲信号,然后按 [shift] [Func],则显示 50%duty。

再按 [4] [5] [Enter],则显示 45%duty。占空比最小只能到 1%。

(5) 输出单脉冲信号

选择脉冲信号: [Func] [∧] [∨] 选择 PULS 脉冲信号。

[Mode] [∧] [∨] 选择 BURST 选项，显示屏上提示是 Burst 信号，此时显示的是 Burst(突发)信号或单脉冲信号，若继续选择不同的 Burst 信号如下操作。

[Shift] [Mode]，后按数字键键入 Burst 计数值……

[Enter] 然后退出菜单，便得到键入的 Burst 信号，若键入的 Burst 计数值为 1，得到的是单脉冲信号。

另一种产生单脉冲信号的方法是，按 [Mode] [∧] [∨] 选择 TRIG，显示屏上提示 Trig 状态，这时每按一次 [Manual] 键，就会输出一个单次正向脉冲。若要取消单次触发，再按 [Mode] 选择 CONT。

注：屏幕字中有下划线者表示光标位。

练习：

(1) 练习举例中信号的设置方法。

(2) 产生一个脉冲幅度为 3 V，脉宽为 20 μs 的单脉冲。

选做：

产生一个幅度为 2 V，频率从 20 kHz 到 40 kHz 的线性扫频信号。

[Ampl] [2] → [Hz/s/v]

[Shift] [Modul] [<] [>] 选 SWP START [Enter]；[2] [0] → [kHz/ms/mv]；[Cancel]

[>] 选 SWP STOP [Enter]；[4] [0] → [kHz/ms/mv]；[Cancel]

[>] 选 SWP STIME [Enter]；[2] [Hz/s/v]；[Cancel]

[>] 选 SWP SPACING [Enter]；[∧] [∨] 选 LINE [Enter]

[Modul] [<] [>] 选 SWP [Enter]

[CH1] 输出信号

2. TDS 220 数字存储示波器的基本操作说明

TDS 220 数字存储示波器能提供极好的波形观察及优异的测量性能，可以提供如下功能：

60 MHz 频宽，主要(Main)时基可达 5 ns/div。

可自动或利用游标测量频率、时间和电压。

波形可存储及调用(Save/Recall)。

仪器设置可存储及调用。

峰值检测、取平均值等。

由于该示波器利用软键配合菜单使用，因此要了解面板上软键的功能与操作。

首先，紧靠液晶显示屏有一排按键，这些按键配合屏幕软键菜单可以实现多种功能。面板顶部两排按键是示波器控制钮，包括：Save/Recall（存储/调出）、Measure（测量）、Acqire（获取）、Display（显示）、Cursor（光标）、Utilty（辅助功能）等，按下它们会打开相应功能的屏幕软键菜单。在屏幕顶端有状态行显示，提示目前示波器的设定状态。

示波器面板分垂直轴系统、水平（时基）系统、触发系统、测量系统和存储系统。通常情况下，按 Autoset 键，示波器处于自动操作状态，可自动设定到最佳状态。

（1）垂直系统的设定：利用 Volts/Div 旋钮改变垂直轴灵敏度，Position 旋钮可以上下移动波形，按 CH1 或 CH2 键开启或关闭相应通道，并且屏幕上将显示相应通道的菜单：包括耦合方式、粗/细调选择、衰减倍数、反相等。当粗/细调选为“细”时，Volt/Div 旋钮可以比较小的增量或减量改变垂直轴的单位。按 Math 键，可显示相加、相减等波形数学值操作。

（2）时基设定：转动 Time/Div 旋钮，扫描速率将以 1—2—5 倍率顺序从 5 ns 到 5 s 变化，扫描速率将在状态行上显示，调节该旋钮可以看到周期个数适当的波形。按 Horizontal 键，可以选择水平控制菜单，其中视窗项可以用于放大一段波形。

（3）示波器触发系统，Level 旋钮调节触发电平，与使用一般的示波器功能相同。按 Trigger 键，可以选择触发控制菜单。在信源菜单中，可以选择触发源，如果只在 1 通道加信号，触发信源也选择 CH1；在触发方式菜单中可以选择不同触发方式，通常选择自动（Autolevel），观察单次信号时选单次（Single）状态；在耦合菜单中，可以选择不同的耦合方式；在斜率菜单中可以选择上升或下跳沿触发。

（4）示波器测量系统：按 Measure 键进行自动测量，测量的项目在相应的软键菜单中显示；按 Cursor 键可以进行手动测量，配合两个 Position 旋钮，可以予置光标的位置，测量结果会在屏幕右边菜单项中显示出来。

（5）存储系统：利用示波器面板上方 Run/Stop 和 Save/Recall 两个按键，可以捕捉并存储单次信号、偶发事件、测量噪声和抖动等。要捕获单次信号，按 Acquire 菜单选择“峰值检测”。在 Trigger 对应菜单中选择单次信号所接的通道为触发源；触发方式菜单中选择单次触发；由于通用信号发生器产生的单次脉冲是正脉冲,若观察该信号则在斜率菜单中选择上升沿触发。最后按 Run/Stop 键,这时只要单次信号达到触发电平就会被捕获到。每次观察要重复 Run/Stop 。在 Display 菜单“持续时间”项中选择“无限”,可以比较多次的单次信号,以前的数据以半亮度显示,可用来捕获毛刺和偶发事件(这时触发方式应选择自动触发)。

以上是示波器的基本操作,进一步的了解可以参看示波器使用手册附录中的内容。

练习:

(1) 从通用信号发生器输出 $V_{pp}=2.0\,V$,$f=1.0\,kHz$ 的正弦信号,利用仪器观测该信号,用自动测量的方法测 V_{pp},V_{rms},f。

(2) 捕获通用信号发生器产生的单次脉冲信号。

选做:在 Display 菜单“格式”项中选择“XY”可以显示李萨如图。

三、实验内容

(1) 开启电源。将通用信号发生器的输出端接入示波器的通道。

(2) 开启接入信号的示波器通道,按 Autoset 键,观察示波器所显示的波形。此时示波器的显示将是信号源显示的一倍,这是因为信号源显示默认输出端所接负载与其输出阻抗匹配,而示波器是高输入阻抗的原因。

(3) 设置通用信号发生器,使其输出一频率为 25 kHz,幅度为 100 mV 的正弦波,用示波器观测该信号,分别用自动测量与游标手动测量的方法测量该信号的频率与幅度,并与设置值相比较。用自动测量方法测该信号的有效值。

(4) 将通用信号发生器的输出改为 50 kHz,8 V 的三角波,重复上述步骤。

(5) 将通用信号发生器的输出改为 22 kHz,3 V 的脉冲波,并使占空比为 40%,用自动测量方式测以下参数:

V_{pp}	Vavg	Vrms	
			Freq
Period		+Width	−Width
Risetime	Falltime		

(6) 按 CH1 键中的反相(Invert),体会显示波形的翻转现象。

(7) 用游标手动测量以下参数,并与上面结果比较:

V_{pp}= ,V_{max}= ,V_{min}= ,Period= ,Rise Time= ,+Width=
V_{top}= ,V_{base}=

计算出占空比 DutyCyc=

(8) 利用 Horizontal 水平控制菜单中的“视窗”项，观察方波前沿，测上升时间。

(9) 设置通用信号发生器处于 Single Trig 状态，输出单次脉冲信号，要求脉宽为 50 μs，脉幅为 5 V，同时，如下设置示波器的触发条件并观察单脉冲信号：

- Acquire 选“峰值检测”
- Trigger 触发源选信号所接通道
  触发方式选“单次触发”
  斜率选“上升”
- 调节 Level 旋钮(触发电平)至合适位置
- Run/Stop

按一次通用信号发生器的 Manual 键，在示波器上可观察一个单次脉冲波形。

(10) 单次脉冲参数测量

- 按 Measure 键，测＋Width＝ Rise Time＝ Fall Time＝
- 按 Cursor 键，手动测 V_{pp}＝ ＋Width＝
- 按 Cursor 键，手动测 Vmin＝ Vtop＝ Vbase＝

设 Display 菜单“持续时间”项为“无限”，触发方式选“自动触发”；反复按 Manual 键，可观察比较单次脉冲重复性等特征，用金属物轻碰探头，可看到捕捉到的毛刺。

四、思考题

1. 如何根据信号选择触发方式？

2. 利用 33120 A 信号发生器作信号源，希望获得一个峰峰值为 10 mV 的信号，而又希望比较好地在示波器上观察到清晰的波形，该如何办？

参 考 文 献

[1] 清华大学电子工艺学教学组编. 电子工艺学. 北京：清华大学出版社，1987.

[2] 吴汉森. 电子设备结构与工艺. 北京：北京理工大学出版社，1995.

[3] [日]田中和吉. 电子设备装配技术. 电子工业部工艺研究所翻译. 北京：国防工业出版社，1998.

[4] 徐光复. 电子产品装配技术. 北京：电子工业出版社，1986.

[5] 华苇. 电子设备装联工艺基础. 北京：宇航出版社，1992.

[6] [美]Jeremy Ryan. 电子装配工艺. 厉长城译. 北京：新时代出版社，1985.8.

[7] 南京工学院，西北电信工程学院. 电子设备结构设计原理. 江苏：江苏科学技术出版社，1981.

[8] [美]M. 考夫曼，A. H. 塞德曼. 电子学计算手册. 王守仁译. 北京：国防工业出版社，1985.

[9] 清华大学电子工艺实习教研组. 电子技术工艺基础. 北京：清华大学出版社，2000.

[10] 汤元信. 电子工艺及电子工程设计. 北京：北京航空航天大学出版社，1999.

[11] [英]A. M. 鲁特金. 常用电子测量仪器的使用. 谢瑞和译. 北京：电子工业出版社，1985.

[12] [美]威廉·戴维·库柏. 电子仪器与测量技术. 许荣林译. 北京：国防工业出版社，1990.

[13] 王楚. 电子线路. 北京：北京大学出版社，2003.

[14] 《无线电通信用半导体器件手册》编写组. 无线电通信用半导体器件手册. 北京：人民邮电出版社，1975.

[15] 清华大学电子工程系. 晶体管电路. 北京：科学出版社，1975.

[16] 上海市徐汇区工人文化科技馆. 半导体器件手册. 上海：上海人民出版社，1970.